essentials

essentials liefern aktuelles Wissen in konzentrierter Form. Die Essenz dessen, worauf es als „State-of-the-Art“ in der gegenwärtigen Fachdiskussion oder in der Praxis ankommt. *essentials* informieren schnell, unkompliziert und verständlich

- als Einführung in ein aktuelles Thema aus Ihrem Fachgebiet
- als Einstieg in ein für Sie noch unbekanntes Themenfeld
- als Einblick, um zum Thema mitreden zu können

Die Bücher in elektronischer und gedruckter Form bringen das Expertenwissen von Springer-Fachautoren kompakt zur Darstellung. Sie sind besonders für die Nutzung als eBook auf Tablet-PCs, eBook-Readern und Smartphones geeignet. *essentials:* Wissensbausteine aus den Wirtschafts-, Sozial- und Geisteswissenschaften, aus Technik und Naturwissenschaften sowie aus Medizin, Psychologie und Gesundheitsberufen. Von renommierten Autoren aller Springer-Verlagsmarken.

Weitere Bände in der Reihe http://www.springer.com/series/13088

Cordula Harter

Glutenunverträglichkeit

Über Gluten-assoziierte Erkrankungen und den Sinn einer glutenfreien Ernährung

Cordula Harter
Biochemie-Zentrum der Universität
Heidelberg
Heidelberg, Deutschland

ISSN 2197-6708 ISSN 2197-6716 (electronic)
essentials
ISBN 978-3-658-28162-5 ISBN 978-3-658-28163-2 (eBook)
https://doi.org/10.1007/978-3-658-28163-2

Die Deutsche Nationalbibliothek verzeichnet diese Publikation in der Deutschen Nationalbibliografie; detaillierte bibliografische Daten sind im Internet über http://dnb.d-nb.de abrufbar.

Springer Spektrum

Springer Spektrum ist ein Imprint der eingetragenen Gesellschaft Springer Fachmedien Wiesbaden GmbH und ist ein Teil von Springer Nature.
Die Anschrift der Gesellschaft ist: Abraham-Lincoln-Str. 46, 65189 Wiesbaden, Germany

Was Sie in diesem *essential* finden können

- Die hauptsächlichen Glutenquellen und was sich hinter dem Begriff „Gluten“ verbirgt
- Welche anderen Inhaltsstoffe des Weizens eine Unverträglichkeit verursachen können
- Welche Rolle die Darmgesundheit und die intestinale Mikrobiota bei Weizenunverträglichkeit spielen
- Welche Erkrankungen Weizen und andere glutenhaltige Getreide hervorrufen können
- Argumente für und wider eine glutenfreie Ernährung

Vorwort

Die Anzahl Menschen, die eine Glutenunverträglichkeit beklagen und Weizen für toxisch oder zumindest für nicht gesundheitsförderlich halten, steigt seit Jahren kontinuierlich an. Auch die Anzahl Patienten mit einer diagnostizierten Glutenunverträglichkeit ist steigend. Doch es besteht eine Diskrepanz zwischen der wahrgenommenen und der medizinisch eindeutig nachgewiesenen Glutenunverträglichkeit.

Ist Gluten überhaupt das krankmachende Agens? Falls ja, warum? Welche Stoffe in Weizen können außerdem Krankheiten verursachen? Hat Weizen seinen „schlechten Ruf“ verdient?

Diese Fragen und die Feststellung, dass eine große Lücke klafft zwischen wissen und glauben, und dass sich zu vielen Sachverhalten Irrglaube ausbreitet, veranlassten mich zu einer wissenschaftlich fundierten Auseinandersetzung mit dem Thema.

„Glutenunverträglichkeit“ ist geradezu ein Modewort, das einen äußerst komplexen und heterogenen Sachverhalt auf einen Nenner bringt. Komplex und heterogen ist nicht nur die Zusammensetzung von Gluten, sondern auch die Unverträglichkeit, die sich nur in seltenen Fällen eindeutig auf Gluten zurückführen lässt. In vielen Fällen wäre der Begriff „Weizensensitivität“ passender, aber „Glutenunverträglichkeit“ scheint mehr dem Zeitgeist zu entsprechen.

Es existieren eindeutige Diagnosekriterien, um eine Glutenunverträglichkeit medizinisch nachzuweisen. Doch oft wird Glutenunverträglichkeit von den Betroffenen selbst diagnostiziert, ohne dass bekannte medizinische Diagnosekriterien erfüllt werden. Es ist zweifelsfrei wichtig, symptomatische Patienten ernst zu nehmen. Möglicherweise müssen neue Diagnosekriterien für viele Fälle erst noch gefunden werden. Doch fest steht, dass Glutenunverträglichkeit einem Trend folgt, der aus dem Glauben an krankmachende Lebensmittel genährt wird und an dem die Nahrungsmittelindustrie viel Geld verdient.

In diesem *essential* schlage ich eine Brücke von glutenhaltigem Getreide zu Mechanismen der Krankheitsentstehung. Ich stelle die aktuell am meisten diskutierten Moleküle und Mechanismen vor, die eine Glutenunverträglichkeit – oder besser Weizensensitivität – verursachen können und beschreibe die bekannten Krankheitsbilder.

Die Informationen in diesem *essential* basieren wesentlich auf Artikeln in international anerkannten, wissenschaftlichen Fachzeitschriften, die ich überwiegend über die Literaturdatenbank „Pubmed" recherchierte.

Ich habe versucht, die Sachverhalte so zu beschreiben, dass jeder wissenschaftlich Interessierte sie verstehen kann. Für Experten und diejenigen, die sich mit dem Thema tiefer auseinandersetzen möchten, ist ein Verzeichnis aktueller, wissenschaftlicher Literatur aufgeführt.

Ich hoffe, dass jede Leserin und jeder Leser in diesem *essential* Antworten auf ihre/seine Fragen zu Glutenunverträglichkeit findet und würde mich freuen, wenn ich mit diesem *essential* zu einer sachlich fundierten Auseinandersetzung mit diesem naturwissenschaftlich, medizinisch und gesellschaftlich wichtigen Thema beitragen kann.

Cordula Harter

Inhaltsverzeichnis

1 Einleitung

Durchfall, Appetitlosigkeit und Gewichtsverlust führten bereits vor mehr als 100 Jahren zur Diagnose „Zöliakie“ (Losowsky 2008). Zunächst wurde Zöliakie aufgrund der klinischen Symptome als eine Erkrankung des Bauches und der Verdauung beschrieben. Erst in den 1950er Jahren wurde Gluten, ein Gemisch aus Speicherproteinen verschiedener Getreidearten, als Ursache der Zöliakie identifiziert.

Heute wird Gluten mit verschiedenen Erkrankungen – die den Gastrointestinaltrakt aber auch den gesamten Organismus betreffen können – in Verbindung gebracht (Felber et al. 2014).

Mit „Glutenunverträglichkeit“ werden im allgemeinen Sprachgebrauch Symptome gedeutet, die nach der Aufnahme bestimmter Getreidesorten, in erster Linie Weizen, auftreten. Medizinisch werden im Wesentlichen folgende mit Gluten assoziierte Erkrankungen unterschieden: Zöliakie, Weizenallergien, Nicht-Zöliakie-Nicht-Weizenallergie-Weizensensitivität (Dale et al. 2019). Diese Erkrankungen können anhand von Diagnosekriterien oder bei fehlenden Diagnosekriterien anhand von Symptomen voneinander abgegrenzt werden.

Die Auslöser einer Glutenunverträglichkeit und die zugrunde liegenden Mechanismen der Krankheitsentstehung sind nur teilweise bekannt. Gesichert ist, dass Gluten in manchen Fällen das krankheitsverursachende Agens ist. Doch Gluten ist keine einheitliche Substanz. Vielmehr besteht Gluten aus hunderten verschiedener Proteine und kommt in unterschiedlicher Zusammensetzung und Menge in Weizen, Roggen und Gerste vor.

Die meisten der in Gluten enthaltenen Proteine gehören zur Superfamilie der Prolamine, der allergenreichsten Proteinfamilie (Juhasz et al. 2018). Doch auch Nicht-Gluten Proteine, insbesondere die in Weizen vorkommenden Amylase-Trypsin-Inhibitoren, können zur Krankheitsentstehung beitragen (Schuppan und Zevallos 2015).

C. Harter, *Glutenunverträglichkeit*, essentials,
https://doi.org/10.1007/978-3-658-28163-2_1

Außer Proteinen werden auch unverdaubare Kohlenhydrate, so genannte FODMAP, fermentierbare Oligo-, Di-, und Monosaccharide und Polyole, mit Unwohlsein nach dem Verzehr von Getreide in Verbindung gebracht. Insbesondere bei einer medizinisch nicht nachweisbaren Glutenunverträglichkeit können FODMAP an der Symptomatik beteiligt sein (Priyanka et al. 2018).

Allen durch Weizenbestandteile hervorgerufenen Erkrankungen ist gemeinsam, dass sie die Darmgesundheit beeinträchtigen mit der Folge von Verdauungsstörungen sowie akuten oder chronischen Entzündungen. Eventuell weitet sich die Symptomatik vom Gastrointestinaltrakt auf andere Organsysteme aus und es kommt zu weitreichenden Einschränkungen nicht nur der physischen, sondern auch der psychischen Gesundheit.

In manchen Fällen kann eine Eliminierung von Weizen oder Gluten aus der Ernährung Abhilfe schaffen. In anderen Fällen hilft eine umfassendere Umstellung der Ernährung. In jedem Fall sollte bei Verdacht auf eine Glutenunverträglichkeit medizinischer Rat eingeholt werden, ehe die Ernährungsgewohnheiten langfristig verändert werden.

Glutenhaltige Getreide stellen in unserer Kultur ein wichtiges Nahrungsmittel dar: Sie sind eine wichtige Energiequelle, die den Menschen aber auch seine Darmbakterien ernährt und haben herausragende Qualitäten beim Backen und Kochen. Darüber hinaus enthalten glutenhaltige Getreide und Getreideprodukte wertvolle Ballaststoffe, Vitamine und Mineralien. In medizinisch nicht begründeten Fällen ist der Nutzen einer glutenfreien Ernährung fraglich und es besteht die Gefahr einer Fehlernährung.

Glutenfreie Ernährung ist ein Modetrend, dem viel mehr Menschen folgen als es Patienten mit medizinisch eindeutig diagnostizierter Glutenunverträglichkeit oder Weizensensitivität gibt. Die Nachfrage nach glutenfreien Produkten nährt einen lukrativen Markt, und nützt den beteiligten Unternehmen in vielen Fällen mehr als dem Verbraucher.

Dieses *essential* erklärt auf molekularer Ebene, welche Bestandteile von Getreide und insbesondere von Weizen als Krankheitsauslöser infrage kommen. Es erläutert die Rolle des Darms und der intestinalen Mikrobiota bei der Krankheitsentstehung. Zöliakie, Weizenallergie und Nicht-Zöliakie-Nicht-Weizenallergie-Weizensensitivität werden gegeneinander abgegrenzt und mögliche Mechanismen (oder Hypothesen) der jeweiligen Krankheitsentstehung werden beschrieben.

Schließlich werden ernährungsphysiologische Aspekte von glutenhaltiger und glutenfreier Ernährung besprochen und der Trend des glutenfreien Marktes analysiert.

2 Gluten und Weizen

2.1 Glutenquellen

Gluten kommt in Süßgräsern (Poaceaen) der Subfamilie Pooideae vor. Diese unterteilen sich in Triticeae, zu denen Weizen (Gattung Triticum), Gerste (Hordum) und Roggen (Secale) gehören, und Avenae, zu denen Hafer gehört. Je nach Definition und Land gilt Hafer als glutenfrei oder glutenhaltig (Codex Alimentarius). Die in Hafer enthaltenen glutenähnlichen Proteine, die Avenine, werden jedoch in der Regel von glutenempfindlichen Individuen gut vertragen. Der Glutengehalt in handelsüblichem Hafer stammt häufig aus Kontaminationen mit Weizen, Gerste oder Roggen.

Von den Triticeae enthält Weizen den höchsten Glutengehalt. Jedoch hängt der Glutengehalt nicht nur von der Pflanzengattung und der Sorte ab, sondern auch von den Umweltbedingungen, unter denen die Pflanze gedeiht, und der Verarbeitung nach der Ernte (Shewry et al. 2013). Deshalb sind Angaben des Glutengehaltes häufig Durchschnittswerte mehrerer verschiedener Sorten aus unterschiedlichen Anbaugebieten oder aus verschiedenen Verarbeitungsprozessen der Getreidekörner (Tab. 2.1).

Glutenfreie Getreidesorten sind Mais, Reis, Hirse sowie die „Pseudogetreide" Buchweizen, Quinoa und Amaranth.

Menschen mit einer Glutenunverträglichkeit, sollten den Verzehr glutenhaltiger Nahrungsmittel vermeiden. Um keinen gesundheitlichen Schaden zu nehmen, sind sie auf verlässliche Angaben über das Nichtvorhandensein von Gluten angewiesen. Die Definition glutenfreier Nahrungsmittel ist in internationalen Verordnungen festgeschrieben (Codex Alimentarius; EU Durchführungsverordnung Nr 828/2014).

C. Harter, *Glutenunverträglichkeit,* essentials,
https://doi.org/10.1007/978-3-658-28163-2_2

Tab. 2.1 Glutengehalt einiger Getreide und Getreideprodukte

Getreide/Getreideprodukt	Glutengehalt (mg/100 g Lebensmittel)
Dinkel[1]	8100–11.500*
Dinkelmehl Typ 630[2]	10300
Dinkelmehl Vollkorn[2]	9500
Gerste[2,3]	4200–5600*
Gerstengraupen[2]	4700
Hafer[2,3]	1300–4600*
Hartweizenmehl Vollkorn, alte Sorten (vor 1960)[4]	11.800
Hartweizenmehl Vollkorn, neue Sorten (2004–2014)[4]	8500
Roggen[2,3]	3100
Roggenmehl Vollkorn [2]	3400
Weizen[1]	4900–13.700*
Weizenmehl Typ 630[2]	9400
Weizenmehl Vollkorn[2]	8300
Weizenbier[2]	274
Vollbier hell[2]	3

*Die Schwankungsbreiten beruhen darauf, dass verschiedene Sorten analysiert wurden oder dass die Analysen von verschiedenen Laboren durchgeführt wurden
[1](Schalk et al. 2017a); [2](Andersen et al. 2015); [3](Schalk et al. 2017b); [4](Ficco et al. 2019)

Definition glutenfreier Nahrungsmittel nach dem Codex Alimentarius 118-1979

Als **glutenfrei** gelten Nahrungsmittel, die kein Weizen (gilt für alle Weizenarten, wie Hartweizen, Khorosan-Weizen, Emmer, Einkorn, Dinkel), Gerste, Rogen oder Hafer* sowie Kreuzungen dieser Pflanzenarten enthalten, und deren **Glutengehalt** (des an den Konsumenten verkauften Produkts) **unter 20 mg/kg** liegt, oder die einen oder mehrere Inhaltsstoffe aus Weizen (gilt für alle Weizenarten, wie Hartweizen, Khorosan-Weizen, Emmer, Einkorn, Dinkel), Gerste, Roggen oder Hafer* sowie Kreuzungen dieser Pflanzenarten enthalten, und aus denen Gluten durch spezielle Verfahren entfernt wurde, sodass deren Glutengehalt (des an den Konsumenten verkauften Produkts) unter 20 mg/kg liegt.

*Hafer wird von den meisten Personen mit Glutenunverträglichkeit vertragen. Inwieweit Hafer erlaubt ist, unterliegt nationalen Regelungen. Nach EU-Verordnung 828/2014 muss „Hafer in einem Lebensmittel, das mit dem Hinweis „glutenfrei“ versehen ist, so hergestellt, zubereitet und/oder verarbeitet sein, dass eine Kontamination durch Weizen, Gerste, Roggen oder Kreuzungen dieser Getreidearten ausgeschlossen werden kann.“

Glutenfreie Lebensmittel, die von Natur aus nicht glutenfrei sind, beispielsweise Back- oder Teigwaren, sind häufig mit dem Symbol einer durchgestrichenen Ähre gekennzeichnet. Die durchgestrichene Ähre gewährleistet, dass die internationalen Verordnungen eingehalten werden und das Lebensmittel weniger als 20 mg Gluten pro kg eines Lebensmittels enthält. Das Gluten-frei Symbol ist insbesondere bei Nahrungsmittelzubereitungen hilfreich, in denen Gluten nicht vermutet wird, beispielsweise Fruchtzubereitungen, die mit Weizenstärke angedickt sind. Glutenhaltige Nahrungsmittel, in denen Gluten nicht vermutet wird, müssen deklariert sein.

2.2 Weizen

Zur Weizengattung gehören die Weizenarten Einkorn, Emmer, Hartweizen, Weich- oder Brotweizen sowie Dinkel (Tab. 2.2). Sie sind alle genetisch miteinander eng verwandt (Bickel 2015).

Einkorn ist genetisch die einfachste Weizenart. Es besitzt ein diploides Genom, das auf jeweils sieben Chromosomen verteilt ist ($2n=14$, Genom A). Emmer und Hartweizen sind tetraploid und enthalten doppelt so viele Chromosomen wie Einkorn. Das Genom setzt sich aus zwei miteinander verwandten Untergenomen zusammen ($2n=28$, Genom AB).

Einkorn und Emmer gehören zu den bespelzten Getreidesorten, das heißt das Korn ist von einer festen Hülle, dem Spelz, umgeben. Da der Spelz beim Dreschen nicht abfällt, muss er in einem zusätzlichen Arbeitsgang vor der Verarbeitung des Korns entfernt werden. Emmer wird auch unter dem registrierten Handelsnamen Kamut® vertrieben. Es handelt sich dabei um eine Subspezies des Emmers, den Khorosan-Weizen, die ursprünglich im heutigen Iran angebaut wurde. Um unter dem Namen Kamut® vertrieben werden zu dürfen, darf das Saatgut nicht verändert werden und das Getreide muss nach bestimmten ökologischen Richtlinien angebaut werden. Khorosan-Weizen beansprucht trockenes und warmes Klima, sodass er in Mitteleuropa kaum angebaut wird. Unter den

Tab. 2.2 Bezeichnungen und Genome verschiedener Weizenarten

	Diploide-Reihe	Tetraploide Reihe	Hexaploide Reihe
Wildformen	Wild-Einkorn (Triticum boeoticum oder T. monococcum subsp. aegilopdes)	Wild-Emmer (Triticum turgidum subsp. dicoccoides)	?
Kultivierte Formen – Spelzweizen – Nacktweizen	Einkorn (T. monococcum)	Emmer (T. turgidum subsp. dicoccon) Khorosan-Weizen, Kammut® (T. turgidum subsp turanicum) Hartweizen (T. turgidum subsp. durum)	Dinkel (T. aestivum subsp. spelta) Weich- oder Brotweizen (T. aestivum)
Chromosomensatz	$2n=14$	$2n=4x=28$	$2n=6x=42$
Genom	AA	AABB	AABBDD

tetraploiden Weizensorten spielt der durch Züchtungen entstandene Hartweizen (Durumweizen) ökonomisch die bedeutendste Rolle. Er ist unbespelzt und wird vor allem für die Herstellung von Teigwaren verwendet.

Weichweizen und Dinkel sind genetisch die komplexesten Weizenarten. Sie sind hexaploid, d. h. sie enthalten 3 miteinander verwandte Untergenome ($2n=42$, Genom ABD), die auf jeweils 2 mal 7 Chromosomen verteilt sind. Die weltweit wichtigste Weizenart ist der unbespelzte Weich- oder Brotweizen, der besonders ertragreich ist und von dem alleine in Deutschland ca. 200 verschiedene Sorten für den Anbau zur Verfügung stehen (Bundesverband deutscher Pflanzenzüchter e. V.).

Im Lauf der Evolution verändern sich Genome, so dass sich die Pflanze den vorherrschenden Umweltbedingungen anpassen kann. Eine Veränderung eines Genoms ist ein natürlicher Vorgang der Selektion. Zusätzlich wurden und werden Pflanzengenome durch gezielte Züchtungen verändert, um beispielsweise die Pflanze stabiler oder widerstandsfähiger gegen Klimaschwankungen oder Krankheitserreger zu machen, aber auch um Backeigenschaften und Erträge zu verbessern. Bei Züchtungen werden verschiedene Sorten miteinander gekreuzt, um neue Sorten zu erhalten, die die besten Eigenschaften beider Sorten tragen. Weltweit sind mehrere Tausend verschiedene Weizensorten, die durch konventionelle Züchtungsverfahren entstanden sind, zugelassen. Dagegen ist derzeit kein gentechnisch veränderter

Weizen in Europa oder Nordamerika für den kommerziellen Anbau und die Vermarktung zugelassen. Es gibt jedoch in zahlreichen Ländern Feldversuche mit gentechnisch verändertem Weizen auf streng ausgewiesenen Flächen. In Deutschland entwickelter, gentechnisch veränderter Weizen wird derzeit in der Schweiz in Feldversuchen angebaut. In Deutschland werden keine Feldversuche durchgeführt (Forum Bio- und Gentechnologie e. V.).

Wie das Erbgut des Brotweizens entstanden ist

Das Erbgut des Brot- oder Weichweizens gehört zu den komplexesten Genomen. Es besteht aus den 3 Untergenomen A, B und D. Wie stellt man sich die Entstehung dieses „Megagenoms", das mit 15×10^9 Basenpaaren etwa fünfmal größer als das menschliche Genom ist, vor? Von den Weizenarten, die seit Jahrtausenden als Nutzpflanzen dienen, sind Brotweizen und Dinkel am jüngsten.

Vor etwa 7 Mio. Jahren entstanden aus einem einzigen Vorläufergenom die Genome A und B. Sie enthalten die Erbinformation der diploiden Urpflanzen AA (Einkorn) und BB (Wildgras). Die beiden A und B Genome vereinten sich im Laufe der Zeit zu einem tetraploiden AABB Genom (Emmer). Es wird vermutet, dass das D Genom vor etwa 5,5 Mio. Jahren durch Mischung der A und B Genome entstand. Es charakterisiert heute noch die Pflanze *Aegilops tauschii,* das Ziegengras. Vor weniger als 400.000 Jahren paarten sich *Aegilops tauschii* (DD Genom) und Emmer (AABB Genom) und es entstand der hexaploide Weizen, die „Urmutter" des Brotweizens (Marcussen et al. 2014).

Die Kultivierung des Weizens, d. h. die Veränderung der Wildpflanzen, um sie ertragreicher zu machen und den Umweltbedingungen anzupassen, begann vor etwa 10.000 Jahren mit der Veränderung der Lebensweise der damaligen Menschen vom Jäger und Sammler zum Ackerbauer und Viehzüchter. Sie hatte ihren Ursprung im so genannten fruchtbaren Halbmond, in dem die heutigen Länder Ägypten, Irak, Iran, Jordanien, Libanon, Palästina, Saudi Arabien und die Türkei liegen, und setzte sich in den folgenden 5000 Jahren Richtung Nordwesten bis ins heutige Europa fort.

Dinkel – der bessere Weizen?

Dinkel hat vielfach einen besseren Ruf als Weizen. Er gilt bei manchen Konsumenten als besser verträglich und viele glauben, es handle sich um eine alte, ursprüngliche Weizensorte. Dabei gehört Dinkel genetisch zum Brotweizen und nicht zu den teilweise als „Urweizen" bezeichneten Arten Einkorn und Emmer. Die Entstehung von Dinkel wird kontrovers diskutiert. Es gibt jedoch genetische Daten, die dafür sprechen, dass Dinkel eine junge Weizenart

ist, die durch natürliche Kreuzung von domestiziertem Emmer mit Brotweizen entstand (Dvorak et al. 2012). Erstmals wurde Dinkel in Europa vor etwa 6000 Jahren kultiviert (Lobitz 2018).

Dass Dinkel in den letzten Jahrzehnten züchterisch weniger verändert wurde als Brotweizen liegt an einigen nachteiligen Eigenschaften für die kommerzielle Verarbeitung und dementsprechend einer geringen Anbaufläche. Zu den agronomischen Nachteilen von Dinkel gehören mangelnde Standhaftigkeit der Pflanze, geringerer Ertrag als Brotweizen und der Spelz, der vor der Verarbeitung des Korns entfernt werden muss. Auch sind die Backeigenschaften von Dinkel stark von der Sorte abhängig und erfordern eine besondere Fürsorge bei der Teigzubereitung. Jedoch hat in den letzten Jahren die Nachfrage nach Dinkelprodukten und damit der Dinkelanbau stark zugenommen.

Dinkel ist eine relativ anspruchslose und krankheitsresistente Pflanze, die im mitteleuropäischen Klima gut gedeiht und sich hervorragend für den ökologischen Anbau eignet. Um ihre nachteiligen Eigenschaften auszugleichen, wurden manche Dinkelsorten mit Brotweizen gekreuzt. Doch sind auch neue Dinkelsorten durch sortenreine Züchtungen entstanden. In Dinkelprodukten muss die Sorte nicht angegeben werden. Somit weiß der Verbraucher nicht, ob er reinen Dinkel oder eine Kreuzung aus Dinkel und Brotweizen konsumiert. Ob es sich um eine reine oder gekreuzte Dinkelsorte handelt, kann im Labor durch biochemische Analyse bestimmter Glutenproteine herausgefunden werden (Wieser). Über mehrere Sorten gemittelt, enthält Dinkel mehr Gluten als normaler Brotweizen (Andersen et al. 2015). Eine bessere Verträglichkeit von Dinkel ist wissenschaftlich nicht begründbar.

2.3 Gluten

Für Gluten existieren unterschiedliche Definitionen, die sich je nach Zweck und Zielgruppe unterscheiden. Kurz und prägnant ist die Definition der Europäischen Union: „Gluten ist eine Proteinfraktion von Weizen, Roggen, Gerste, Hafer oder ihren Kreuzungen und Derivaten, die manche Menschen nicht vertragen und die in Wasser und 0,5 M Natriumchloridlösung nicht löslich ist" (EU Durchführungsverordnung Nr 828/2014). Umfassender sind die Definitionen im wissenschaftlichen Kontext. Biologisch erfüllt Gluten die Funktion eines Proteinspeichers im Getreidekorn und kommt in Weizen im Vergleich zu anderen Getreidearten in den höchsten Konzentrationen vor (Schalk et al. 2017b). Molekularbiologisch sind Glutenproteine in allen drei Untergenomen (ABD) aller Weizenarten codiert

(International Wheat Genome Sequencing Consortium 2018). Biochemisch ist Gluten ein Gemisch von Proteinen aus der Familie der Prolamine und der Familie der Gluteline (Wieser 2007). Durch Behandeln des Glutens mit wässrigem Ethanol können die Prolamine gelöst werden, so dass die alkoholunlöslichen Gluteline zurückbleiben. Gluteline bilden Netzwerke aus, die nur unter Zugabe von reduzierenden Agentien (welche die Disulfidbrücken innerhalb und zwischen den einzelnen Glutelinmolekülen spalten) gelöst werden können. Einzelne Glutenproteine bestehen aus 300 bis 800 Bausteinen, den Aminosäuren.

Alkohollösliche Prolamine des Weizens werden als Gliadine, Gluteline des Weizens als Glutenine bezeichnet. Gluten der Gerste wird von verschiedenen Hordeinen gebildet. Gluten des Roggens wird von Secalinen gebildet und Gluten des Hafers von Aveninen (Schalk et al. 2017b) (Abb. 2.1).

Gluten wird auch als Klebereiweiß bezeichnet. Es bewirkt, dass aus Mehl durch Zugabe von Wasser ein kohäsiver, viskoelastischer Teig entsteht, der viele Gasmoleküle einschließen kann, so dass ein voluminöses Brot entstehen kann. Dabei bilden die Gluteline ein stabiles Gerüst aus hochmolekularen Proteinkomplexen, das für die Elastizität des Teiges verantwortlich ist. In die Zwischenräume des Gerüstes lagern sich die Gliadine ein, die den Teig viskös, also weich und geschmeidig machen (Scherf und Koehler 2016) (Abb. 2.2).

Gluten der verschiedenen Getreidegattungen, jedoch auch von verschiedenen Arten innerhalb einer Gattung, unterscheidet sich in der Proteinzusammensetzung und in der Struktur der verschiedenen Proteine. Diese unterschiedliche Qualität des Glutens erklärt nicht nur die Unterschiede der Backeigenschaften der Mehle, sondern auch die Unterschiede hinsichtlich der Verträglichkeit und der Auswirkungen auf die Gesundheit des Menschen. Hinsichtlich der Backeigenschaften ergeben Mehle aus Brotweizen gut bearbeitbare, besonders dehnbare Teige mit

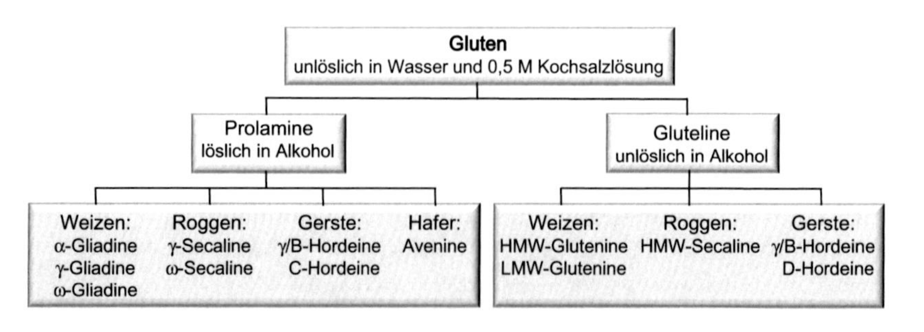

Abb. 2.1 Zusammensetzung von Gluten aus Weizen, Roggen, Gerste und Hafer. HMW, high molecular weight, LMW, low molecular weight

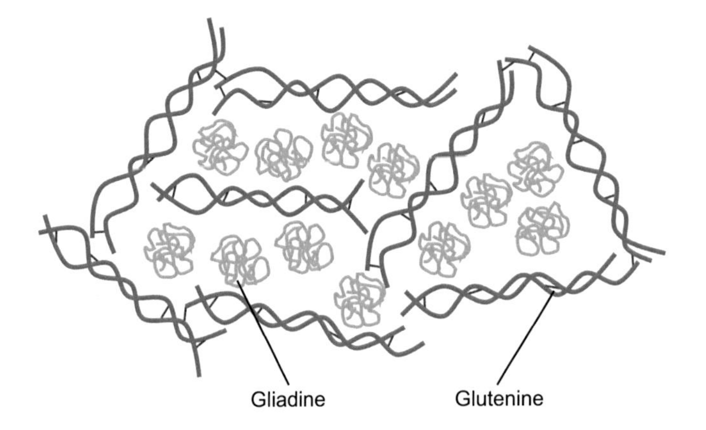

Abb. 2.2 Gluten-Netzwerk aus Gluteninen (blau) und Gliadinen (grün). Glutenine bestehen aus mehreren Proteinketten, die über Disulfidbrücken (rot) miteinander verbunden sind

einem guten Gashaltevermögen und somit großvolumige Brote. Mehle anderer Getreidearten binden teilweise weniger Wasser oder können weniger Gasmoleküle einschließen, sodass die Brote kompakter und schwerer werden.

Quantitativ macht Gluten etwa 75–80 % des Proteingehaltes von Weizenkörnern aus (Schalk et al. 2017b). Bei einer Unverträglichkeit von Weizen ist deshalb eine Glutenunverträglichkeit naheliegend. Jedoch lässt sich Glutenunverträglichkeit auf einige wenige der Glutenproteine zurückführen. Deshalb bedingt letztendlich eher die Qualität als die Quantität des mit der Nahrung zugeführten Glutens dessen Unverträglichkeit (Schalk et al. 2017a).

Weizen

Weizen enthält von allen Getreidegattungen den höchsten Glutengehalt. Jedoch ist die Qualität des Glutens, also die Zusammensetzung aus verschiedenen Glutenproteinen, für die Verträglichkeit entscheidender als die Quantität. Weizensorten, die das D-Genom enthalten – wie Brotweizen und Dinkel – enthalten mehr potenziell schädliche Glutenproteine als Weizensorten, die nur die A und B Genome enthalten, wie Einkorn und Emmer. Doch auch alte, züchterisch wenig veränderte Sorten von Einkorn und Emmer enthalten Gluten.

Glutenpeptide

Glutenpeptide entstehen durch die enzymatische Spaltung von Glutenproteinen in kleinere Fragmente. Derzeit sind in einer Datenbank (Allergen Online) mehr als 1000 Peptide aufgelistet, die sich von Glutenproteinen von Weizen, Gerste, Roggen und Hafer ableiten und für Individuen mit Zöliakie potenziell schädlich sein können. Diese Peptide wurden aufgrund der Abfolge bestimmter Aminosäuren, ihrer Aminosäuresequenz, und ihrer Eigenschaft eine Immunreaktion hervorrufen zu können identifiziert. Dass sie immunogene Eigenschaften haben, bedeutet jedoch nicht, dass sie bei Zöliakiepatienten oder Individuen mit Glutenunverträglichkeit tatsächlich Symptome auslösen. Viele der Peptide haben sehr ähnliche Eigenschaften und es besteht eine Überlappung der Aminosäuresequenzen.

Manche Glutenpeptide werden als toxisch, andere als immunogen bezeichnet. Beide Begriffe werden häufig gleichbedeutend verwendet, jedoch beschreibt „toxisch" generell eine schädigende Wirkung eines Moleküls, ohne dass es notwendigerweise eine Immunreaktion hervorruft. „Immunogen" bedeutet, dass ein Molekül in der Lage ist, eine spezifische Immunantwort auszulösen, die häufig von der genetischen Disposition des Individuums abhängig ist. Immunreaktionen können gemessen werden, indem beispielsweise Entzündungsmediatoren oder Antikörper im Blut bestimmt werden. Dagegen fehlt bei toxischen Reaktionen häufig ein spezifisch zu messender Parameter.

Glutenpeptide unterscheiden sich von Peptiden anderer Nahrungseiweiße im Wesentlichen durch folgende Kennzeichen:

Verdaubarkeit: Glutenpeptide entstehen im Magen-Darm-Trakt bei der Spaltung von Glutenproteinen durch Verdauungsenzyme. Da es hunderte verschiedener Glutenproteine gibt und jedes Protein aus mehreren hundert Aminosäuren besteht, können Zigtausende verschiedener Glutenpeptide entstehen. Normalerweise werden Nahrungspeptide während der Verdauung größtenteils in einzelne Aminosäuren zerlegt, die von den Darmepithelzellen aufgenommen und ans Blut abgegeben werden. Glutenpeptide verhalten sich jedoch anders: Sie widersetzen sich der Spaltung durch Verdauungsenzyme.

Potenzielle Auslöser von Entzündungsreaktionen: Bei glutenunempfindlichen Personen sind Glutenpeptide harmlos: Sie können einfach mit dem Stuhl ausgeschieden werden. Auch können sie von Darmbakterien verwertet werden (Herran et al. 2017). Bei Personen mit Zöliakie oder einer Glutenunverträglichkeit können Glutenpeptide Schaden anrichten: Sie können durch das Darmepithel hindurchtreten und in der darunterliegenden Gewebeschicht eine Entzündungsreaktion auslösen (Kap. 4).

Besondere Struktur: Kennzeichnend für Glutenpeptide ist ein hoher Gehalt an den Aminosäuren Prolin (P) und Glutamin (Q). Der menschliche Verdauungsapparat ist jedoch nicht mit Enzymen ausgestattet, die prolinreiche Peptide abbauen können. Um Glutenpeptide „loszuwerden", bleibt deshalb nur die Ausscheidung oder die Hilfe von Darmbakterien, die sie verwerten können.

Die einzigartige Zusammensetzung aus vielen Prolinen und Glutaminen dient auch dem spezifischen Nachweis von Glutenpeptiden beispielsweise in der Nahrungsmittelindustrie, in der klinischen Chemie oder in Forschungslaboren. Hierzu sind zertifizierte Tests im Handel (Agraquant® Gluten G12 und RIDASCREEN®), die es ermöglichen mittels Antikörper den Glutengehalt in einer Probe quantitativ zu erfassen. Agraquant® Gluten G12 erkennt das Peptid QPQLPY (L, Leucin, Y, Tyrosin), Ridascreen® erkennt QQPFP (F, Phenylalanin).

Zu den potenziell toxischsten und immunkompetentesten Glutenproteinen gehören die α-Gliadine des Weizens. Es wird geschätzt, dass Brotweizen zwischen 25 und 150 Kopien von verschiedenen α-Gliadinen enthält (Ozuna et al. 2015). Da die Gene für α-Gliadine auf allen 3 Weizengenomen vorkommen, sind die Proteine auch in Einkorn und Emmer enthalten. Die größte Anzahl immunogener α-Gliadine ist jedoch auf dem D-Genom codiert.

Zwei Peptide der α-Gliadine gelten als besonders toxisch bzw. immunogen: p31-43, das die Aminosäuren 31-43 enthält und dafür verantwortlich gemacht wird, die Barrierefunktion des Darmepithels zu zerstören (Fasano 2011), und das sogenannte 33mer, das aus einer bestimmten Abfolge von 33 Aminosäuren besteht (Abb. 2.3). Es widersteht der Verdauung im Darmlumen und gelangt in die Bindegewebsschicht des Darms, wo es eine spezifische Immunreaktion bei

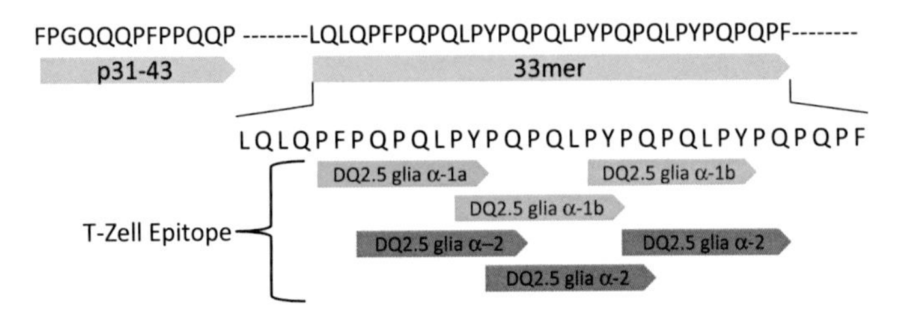

Abb. 2.3 Ausschnitt einer Aminosäuresequenz aus α-Gliadin. p31-43 schädigt die Barrierefunktion des Dünndarms. 33mer löst bei Zöliakiepatienten über seine T-Zell Epitope eine spezifische Immunantwort aus. F, Phenylalanin, G, Glycin, L, Leucin, P, Prolin, Q, Glutamin, Y, Tyrosin

Zöliakiepatienten, eine so genannte T-Zellantwort, auslöst. Da für die Aktivierung von T-Zellen nur kurze Peptide aus 7-9 Aminosäuren erforderlich sind, enthält das 33mer mehrere Erkennungssequenzen, so genannte T-Zell Epitope (Abb. 2.3).

33mer

Das 33mer, das immunogenste Glutenpeptid, kommt in den größten Mengen in α-Gliadinen vor, die auf dem D Genom codiert sind. Somit ist es in Brotweizen und Dinkel in größeren Mengen als in Einkorn, Emmer oder anderen Getreidearten enthalten. Jedoch ist die Menge an 33mer auch in hexaploidem Weizen von der Sorte abhängig. In einer Studie wurden 40 Weizensorten untersucht, incl. 2 Dinkelsorten. Der Gehalt des 33mer variierte von 0,03–0,6 mg pro Gramm Mehl. In Roggenmehl lag der Gehalt an 33mer unter der Nachweisgrenze (Schalk et al. 2017a).

Glutenpeptide widerstehen zwar der menschlichen Verdauung, aber bakterielle und pflanzliche Enzyme können sie in einzelne Aminosäuren zerlegen. Wenn Glutenproteine also unter geeigneten Bedingungen mit diesen Enzymen in Kontakt kommen, können sie vollständig abgebaut werden. Könnte somit Gluten für den Menschen in eine besser verdaubare Form gebracht werden?

Der Abbau von Gluten geschieht natürlicherweise beim Keimen von Getreidekörnern und durch Bakterien im Darm sowie bei der Herstellung von Sauerteigen.

Für die Versorgung des Keimlings mit Aminosäuren bildet das Getreidekorn Enzyme (Proteasen), die Glutenproteine abbauen (Kucek et al. 2015). Um diese Wirkung der getreideeigenen Enzyme für die menschliche Ernährung zu nutzen, müssen Getreidekörner zum Keimen gebracht werden (Hartmann et al. 2006). Die Keimlinge können dann zu Mehl oder Kleie verarbeitet und bei der Teigherstellung zugegeben werden. Manche der getreideeigenen Enzyme arbeiten besonders effizient unter sauren Bedingungen, so dass der Glutenabbau in Sauerteigen wirksamer ist als in nicht gesäuerten Teigen (Loponen et al. 2007). Auch im Magen sind die Getreideenzyme wirksam und könnten Gluten bereits abbauen bevor es in den Darm gelangt.

Für die Herstellung von Sauerteig werden typischerweise Milchsäurebakterien zu einem Mehl-Wasser-Gemisch gegeben. Beim Stehenlassen für einige Stunden bei Raumtemperatur vermehren sich im Teig die Milchsäurebakterien, die Glutenproteine abbauen. Dieser Prozess der Teigsäuerung verleiht dem Brot nicht nur einen besonderen Geschmack und eine besondere Konsistenz, sondern macht es aufgrund des veränderten Klebereiweißes auch leichter bekömmlich. Ähnlich wie

die Milchsäurebakterien bei der Herstellung von Sauerteig, können auch Bakterien in unserem Darm Glutenpeptide abbauen. Aus diesem Grund spielt die Qualität unserer Mikrobiota, also die Gesamtheit der Bakterien in unserem Darm, eine wichtige Rolle für die Glutenverträglichkeit.

Warum in Malz (fast) kein Gluten ist

Malzlimonaden, wie Bionade®, sind glutenfrei, obwohl sie Gerste enthalten. Das liegt am Vorgang des Mälzens. Beim Mälzen werden Getreideköner in Wasser eingeweicht und zum Keimen gebracht. Hierbei werden Enzyme aktiviert, die Stärke und Proteine, die im Getreidekorn gespeichert sind, abbauen. Aus Glutenproteinen entstehen kleinere Glutenpeptide, aus denen schließlich Aminosäuren freigesetzt werden, die der Keimling zum Wachstum benötigt. Interessanterweise spalten bestimmte Getreideenzyme, so genannte Endoproteasen, toxische Glutenpeptide neben den Aminosäuren Prolin (P) oder Glutamin (Q). Die potenziell gefährliche Sequenz PQLPY, die mehrfach im 33mer vorkommt, wird also beim Mälzen zerstört (Schwalb et al. 2012).

2.4 Nicht-Glutenproteine

Die Nicht-Glutenproteine des Weizens machen 15–20 % des Gesamtproteins aus (Schalk et al. 2017b) und haben wichtige Eigenschaften im Stoffwechsel der Pflanze und bei deren Abwehr von Parasiten. Im Zusammenhang mit Weizenunverträglichkeit werden u. a. Amylase Trypsin Inhibitoren (ATI) und Lipidtransferproteine diskutiert (Juhasz et al. 2018). Diese Nicht-Glutenproteine gehören wie auch einige Glutenproteine zur Proteinfamilie der Prolamine, können jedoch im Gegensatz zu Glutenproteinen mit Kochsalzlösung aus Weizenteig extrahiert werden. Da ATI in Verbindung mit Gluten eine wesentliche Rolle bei der Entstehung einer Unverträglichkeit zu spielen scheinen, wird auf diese Proteine im Folgenden näher eingegangen.

ATI machen bis zu 4 % des Weizenproteins aus und kommen in verschiedenen Varianten vor (Geisslitz et al. 2018). Die aktive Form besteht typischerweise aus einer Kombination verschiedener ATI-Proteine, so genannter Untereinheiten (Altenbach et al. 2011). Die meisten der bisher bekannten ATI-Proteine sind im B und D Genom codiert, so dass tetra- und hexaploide Weizenarten, wie Emmer, Dinkel, Hart- und Brotweizen mehr ATI enthalten als diploide Weizenarten, wie Einkorn, die nur das A Genom enthalten. In einigen Studien wurden in Einkorn keine ATI nachgewiesen (Geisslitz et al. 2018). Jedoch kommen ATI auch in Soja, Buchweizen, Hirse und anderen Pflanzen vor.

Die Funktion der ATI ist nicht genau bekannt. Sehr wahrscheinlich haben verschiedene Kombinationen von Untereinheiten unterschiedliche Funktionen. Wie der Name sagt, sind ATI Hemmstoffe für Amylase und Trypsin. Amylase ist ein Enzym, das die pflanzliche Stärke Amylose, ein polymeres Kohlenhydrat aus Glucoseeinheiten, abbaut. Trypsin ist ein Verdauungsenzym, das beim Menschen im Pankreas produziert wird und im Darm für die Verdauung von Nahrungsproteinen sorgt. In Pflanzen und anderen Organismen kommen Trypsin-ähnliche Proteine, sogenannte Proteasen, vor, die die Speicherproteine im Weizenkorn abbauen und somit die Energieversorgung des Keimlings sicherstellen. ATI könnten bei der Reifung des Keimlings eine Rolle spielen, indem sie verhindern, dass Speicherkohlenhydrate und Speicherproteine vorzeitig abgebaut werden. Erst wenn das Korn zu keimen beginnt, wird die Aktivität der ATI reduziert, sodass aus den Energiespeichern die Energielieferanten Glucose und Aminosäuren freigesetzt werden. Es gibt auch Hinweise, dass ATI Enzyme im Verdauungstrakt von Insekten, z. B. Mehlwürmern, aber auch von Säugern hemmen.

Werden ATI Proteine abgebaut, was sowohl im Getreidekorn als auch im menschlichen Darm passieren kann, entstehen wertvolle Aminosäuren, die als Energielieferanten oder für die Biosynthese neuer Proteine verwendet werden können. Im Gegensatz zu Glutenproteinen sind ATI nicht besonders reich an den Aminosäuren Prolin oder Glutamin. ATI können sich jedoch auch der Verdauung im Darm widersetzen und bei empfindlichen Personen eine Immunreaktion auslösen. Es gibt Hinweise, – vor allem durch Experimente mit Mäusen – dass ATI, die mit Gluten vergesellschaftet sind, eine schädigende, pro-entzündliche Wirkung entfalten. ATI aus Soja, Buchweizen oder Reis und anderen stärkehaltigen Pflanzen, scheinen keine oder nur schwache immunogene Eigenschaften zu haben (Zevallos et al. 2017). Es wird postuliert, dass die immunogene Wirkung von ATI auf einer Aktivierung der angeborenen Immunität beruht (Schuppan und Zevallos 2015). Dabei binden ATI an einen Mustererkennungsrezeptor auf der Oberfläche von Zellen des angeborenen Immunsystems, Makrophagen, Monocyten und dendritischen Zellen, und regen diese Zellen zur Ausschüttung pro-entzündlicher Moleküle (Cytokine) an (Abb. 4.3).

Wie kann nun herausgefunden werden, ob Gluten oder ATI-Proteine gesundheitsschädigende Auswirkungen haben? Da Gluten im Weizenkorn in viel größeren Mengen als ATI vorkommt, ist es schwierig die Toxizität von ATI gegen die von Gluten abzugrenzen. Eine Bestätigung, dass ATI gesundheitsschädigend sein kann, kommt von Patienten mit einer so genannten Nicht-Zöliakie Glutensensitiviät (NCGS), bei denen medizinisch eine Gluten-induzierte Zöliakie ausgeschlossen werden konnte (Kap. 4). Es gibt Hinweise, dass bei diesen Patienten ATI-Peptide im Darm eine Entzündungsreaktion auslösen (Schuppan und Zevallos

2015). Eine Immunreaktion tritt vor allem bei einem bereits geschädigten Darmepithel ein. Für bestimmte Untereinheiten von ATI gibt es auch Hinweise, dass sie allergische Reaktionen, insbesondere Bäckerasthma, auslösen können (Juhasz et al. 2018). Bei Gesunden haben die geringen Mengen an ATI in der Nahrung jedoch keine negativen Auswirkungen.

Interessanterweise konnte die schädigende Wirkung von ATI durch Milchsäurebakterien, wie sie in einem gesunden Darm vorkommen oder bei der Herstellung von Sauerteig verwendet werden, reduziert werden (Caminero et al. 2019). Diese Bakterien enthalten ATI-abbauende Enzyme. Dass der negative Einfluss von ATI nicht in allen Getreidesorten und bei allen Menschen gleich stark ist, kann deshalb u. a. durch die Art der Getreideverarbeitung (z. B. die Herstellung eines langsam gärenden Sauerteiges) und die Variabilität der intestinalen Mikrobiota erklärt werden.

ATI

Amylose-Trypsin-Inhibitoren, kommen in verschiedenen Pflanzen vor. Sie können bei empfindlichen Personen eine Entzündungsreaktion im Darm oder allergisches Asthma auslösen.

ATI können von Bakterien – im Darm oder bei der Herstellung eines Sauerteiges – abgebaut werden.

2.5 FODMAP

Den größten Anteil in einem reifen Weizenkorn machen mit etwa 60 % Kohlenhydrate aus. Diese bestehen zu etwa 90 % aus verdaubarer Stärke, Amylose und Amylopektin, die aus langen, teilweise verzweigten Ketten aus bis zu 100.000 Glucosemolekülen aufgebaut ist. Die übrigen etwa 10 % sind unverdaubare Kohlenhydrate, die den Ballaststoffgehalt von Getreide ausmachen, und in Größe und Zusammensetzung heterogen sind. Unter den Ballaststoffen spielen die fermentierbaren Oligo-, Di-, und Monosaccharide und Polyole, die so genannten FODMAP, eine besondere Rolle (Biesiekierski et al. 2011). In Weizen machen FODMAP bis zu 2 % der Kohlenhydrate aus und bestehen vor allem aus Fructanen, kurzkettigen Zuckermoleküle mit einem hohen Fructosegehalt. Fructane dienen der Pflanze als Reservekohlenhydrate und spielen eine Rolle beim Wachstum und der Stressresistenz. Gene, die am FODMAP-Stoffwechsel des Weizens beteiligt sind, kommen in allen Weizenarten – von Einkorn bis Brotweizen – vor. Doch auch andere Pflanzen, beispielsweise Mais, Hülsenfrüchte, Zwiebeln oder Äpfel, sind reich an FODMAP (Varney et al. 2017).

In der menschlichen Ernährung spielen FODMAP eine wichtige Rolle als Präbiotika, da sie von Darmbakterien, v. a. im Dickdarm, verwertet werden können und somit Einfluss auf die intestinale Mikrobiota und die Darmgesundheit nehmen. Bei einer ausgewogenen Darmflora und einem intakten Darmepithel werden FODMAP anti-entzündliche Eigenschaften zugesprochen. Ist das mikrobielle Milieu jedoch gestört (z. B. durch Ernährung, Stress, Infektionen) oder werden sehr große Mengen konsumiert, können sich FODMAP v. a. im Dickdarm anreichern und unter Gasbildung (Wasserstoff, Kohlendioxid, Methan, u. a.) abgebaut werden. Folgen sind Blähungen, Durchfälle und Bauchschmerzen, aber auch Veränderungen des Stoffwechsels und eine Störung der Kommunikation zwischen Darm und anderen Organen (z. B. Gehirn) mit Auswirkungen auf den gesamten Organismus (De Giorgio et al. 2016). Bei Personen mit Nicht-Zöliakie-Nicht-Weizenallergie-Weizensensitivität (NCWS) werden FODMAP als symptomfördernd diskutiert. Auch Patienten mit Reizdarmsyndrom können FODMAP-haltige Nahrungsmittel schlecht vertragen. Dabei ist unklar, ob der Effekt direkt auf dem Stoffwechsel der FODMAP beruht oder indirekt durch eine Imbalance der intestinalen Mikrobiota hervorgerufen wird.

FODMAP

Fermentierbare Oligo-, Di-, und Monosaccharide und Polyole, machen die unverdaubaren Ballaststoffe in Weizen und anderen Pflanzen aus. In einem gesunden Darm dienen FODMAP als Präbiotika und wirken anti-entzündlich. Bei Individuen mit entzündlichen Darmerkrankungen und Nicht-Zöliakie-Nicht-Weizenallergie-Weizensensitivität können FODMAP symptomverschlimmernd wirken.

FODMAP kommen in allen Weizenarten in vergleichbaren Mengen vor. Jedoch wird der FODMAP-Gehalt maßgeblich durch die Zubereitungsart bestimmt. Durch Gehenlassen eines Hefeteiges für 4 h kann der FODMAP-Gehalt um bis zu 90 % reduziert werden (Ziegler et al. 2016).

3 Die Rolle der Darmgesundheit

Der Darm ist unser größtes Verdauungsorgan, unser größtes Immunorgan und ein wichtiger Teil unseres Nervensystems. Eine Schädigung des Darmes kann deshalb zu weitreichenden Funktionsverlusten führen, die nicht nur die Verdauung im engeren Sinne betreffen, sondern auch mit Entzündungsreaktionen und psychischen Erkrankungen einhergehen können (Shashikanth et al. 2017).

Um seine vielfältigen Aufgaben erfüllen zu können, verfügt der Darm über einen speziellen anatomischen Aufbau und ist mit vielen verschiedenen Zellen ausgestattet.

3.1 Der Darm als Verdauungsorgan

Den längsten Darmabschnitt stellt mit einer Länge von etwa 5 m der Dünndarm dar. Er spielt eine zentrale Rolle bei der Verdauung der Nahrungsbestandteile und Aufnahme von Nährstoffen. Er gliedert sich in die Abschnitte Duodenum, Jejunum und Ileum, wobei das Duodenum sich an den Magen anschließt und auf das Ileum der Dickdarm folgt. Die Oberfläche des Dünndarms ist durch ein komplexes Faltungssystem enorm vergrößert (Helander und Fandriks 2014). Zunächst ist die Darmschleimhaut in Falten gelegt. Diese großen Falten sind in kleine Mikrofalten, die Villi, gelegt, die aus Zotten und Krypten bestehen. Die Zotten sind mit Epithelzellen (Enterocyten) besetzt, die auf der dem Darmlumen zugewandten Seite mit Mikrovilli ausgestattet sind. Diese etwa 100fache Oberflächenvergrößerung gewährleistet eine effiziente Aufnahme der Nährstoffe und Sekretion von Verdauungsenzymen im Bereich der Zotten. Im Bereich der Krypten befinden sich Stammzellen, aus denen sich das Epithel regenerieren kann (Abb. 3.1).

C. Harter, *Glutenunverträglichkeit*, essentials,
https://doi.org/10.1007/978-3-658-28163-2_3

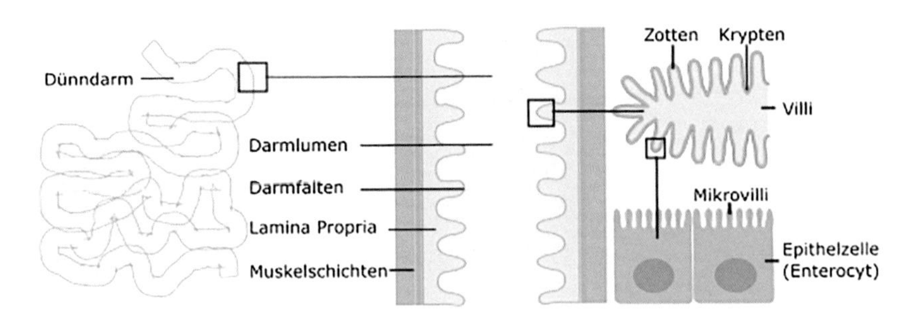

Abb. 3.1 Faltung Dünndarmoberfläche

Für die Verwertung von Ballaststoffen ist das Colon, der obere Teil des ca. 1,5 m langen Dickdarms zuständig. Der untere Teil des Dickdarms, das Rektum, dient der Speicherung des Stuhls, ihm schließt sich der Anus, der Darmausgang, an. Über die gesamte Länge ist die Oberfläche des Darms mit Mikroben besetzt, der intestinalen Mikrobiota, die 10^{13}–10^{14} Zellen umfasst. Den weitaus größten Teil der Mikroben machen Bakterien im Colon aus.

Für die Verdauung von Nahrungsbestandteilen, erhält der Dünndarm Verdauungsenzyme von der Bauchspeicheldrüse. Diese spalten einen Großteil der mit der Nahrung aufgenommenen Makromoleküle im Darmlumen in Fragmente oder vollständig in einzelne Bausteine. Einige Verdauungsenzyme produziert der Darm auch selbst. Beispielsweise exprimiert er auf der Oberfläche des Darmepithels die zuckerspaltenden Enzyme Lactase und Saccharase, die Lactose (Milchzucker) und Saccharose (Haushaltszucker) in ihre Bestandteile Glucose (Traubenzucker) und Galactose (Schleimzucker) im Fall von Lactose, oder Glucose und Fructose (Fruchtzucker) im Fall von Saccharose spalten. Bei einer Lactoseintoleranz ist das für die Spaltung erforderliche Enzym inaktiv und die im Darm verbleibende Lactose wird von Darmbakterien im Dickdarm unter Gasentwicklung vergoren und verursacht Bauchschmerzen und Durchfälle. Auch andere Nahrungsbestandteile, die im Dünndarm nicht gespalten und aufgenommen werden können, beispielsweise Glutenpeptide, FODMAP und andere Ballaststoffe, gelangen in den Dickdarm, wo sie teilweise von Bakterien abgebaut und verwertet werden können. Alternativ werden von menschlichen Verdauungsenzymen nicht spaltbare Substanzen unverändert ausgeschieden.

Die verwertbaren Nahrungsbestandteile werden zusammen mit Mikronährstoffen, wie Vitaminen und Spurenelementen, von den Epithelzellen des Darms auf der apikalen (dem Darmlumen zugewandten) Seite aufgenommen und auf der gegenüberliegenden, der basalen (dem Blut zugewandten) Seite an das Blut (oder im Fall von Lipiden an die Lymphe) abgegeben und den verschiedenen Organen zugeführt.

Damit der Darm nur Stoffe aufnimmt, die er auch verwerten kann, sind die Epithelzellen auf Ihrer Oberfläche mit spezifischen Transportproteinen ausgestattet. Ist kein Transporter vorhanden, bleiben die Stoffe normalerweise im Darmlumen. Der Transport durch die Zellen wird als transzellulär bezeichnet. Ein Hindurchtreten von Nahrungsbestandteilen oder Mikroorganismen zwischen den Zellen wird im gesunden Darm durch dichte Verbindungen, so genannte „tight junctions" verhindert. Diese bestehen aus verschiedenen Proteinen, die wie Schlussleisten den Raum zwischen benachbarten Epithelzellen abdichten. Der Integrität der Schlussleisten kommt eine besondere Rolle zu, da sie bei vielen entzündlichen Darmerkrankungen gestört ist. Zwischen den Epithelzellen können im gesunden Zustand nur sehr kleine Moleküle, beispielsweise Wasser, hindurchtreten. Dieser Transport wird als parazellulär bezeichnet (Abb. 3.2).

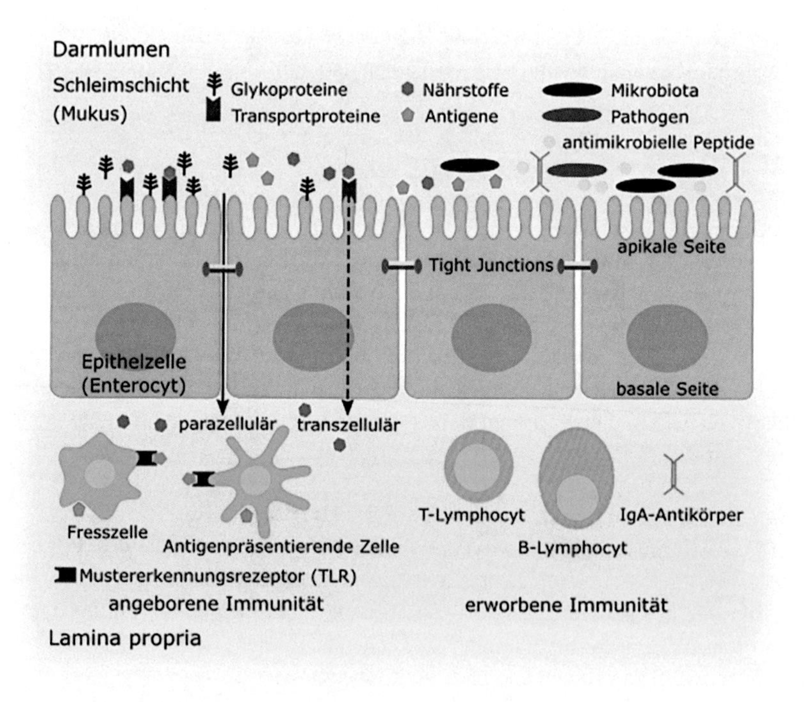

Abb. 3.2 Barrieren und Schutzmechanismen des Darms

Maldigestion und Malabsorption

Eine unzureichende Zerlegung der Nahrungsbestandteile aufgrund fehlender oder mangelhaft arbeitender Verdauungsenzyme oder Gallensäuren wird als Maldigestion bezeichnet. Gründe können eine insuffiziente Bauchspeicheldrüse sein, die den größten Teil der Verdauungsenzyme herstellt, oder eine Schädigung der Dünndarmepithelzellen, die Enzyme zur Spaltung von Zuckermolekülen oder kleinen Peptiden herstellen. Zur Maldigestion von Fetten trägt ein Mangel an Gallensäuren bei.

Bei einer Malabsorption werden die zerlegten Nahrungsbestandteile sowie mit der Nahrung zugeführte Vitamine und Mineralstoffe ungenügend von den Epithelzellen der Darmmukosa aufgenommen. Gründe können eine Schädigung der Darmschleimhaut aufgrund einer Zerstörung der Zotten, eine sogenannte Zottenatrophie, oder einer Entzündung sein.

Folgen von Maldigestion und Malabsorption sind eine Mangelversorgung des Körpers mit Nährstoffen und Vitaminen, aber auch Durchfälle, weil die Nahrungsbestandteile im Darm verbleiben und dem Gewebe Wasser entziehen.

3.2 Der Darm als Immunorgan

Als Immunorgan schützt uns der Darm vor unerwünschten Eindringlingen, die mit der Nahrung in unseren Körper gelangen. Dabei kann es sich um pathogene Mikroorganismen handeln, die wir mit der Nahrung aufnehmen oder um Stoffe in Nahrungsmitteln, die uns Schaden zufügen können.

Damit nur unschädliche, verwertbare Stoffe in unseren Organismus gelangen, verfügt der Darm über verschiedene Mechanismen. Hierzu gehört die Ausbildung physikalischer Barrieren ebenso wie die Aktivierung des Immunsystems (Abb. 3.2).

Zu den wichtigsten Schutzmechanismen des Darms gehören

- Eine Schleimschicht aus Glykoproteinen auf der Oberfläche des Epithels, die die luminale Seite auskleidet. Sie verhindert ein Eindringen pathogener Mikroorganismen, indem sie diese einfängt. Im Colon kommt noch eine zweite, bewegliche Schicht hinzu, die einen Lebensraum für nicht-pathogene Mikroorganismen bietet und pathogene ausgrenzt.
- Ein komplexes Immunsystem, – gastrointestinales mukosa-assoziiertes lymphatisches System (GALT) – das aus Komponenten der angeborenen, unspezifischen und der erworbenen, spezifischen Immunität besteht.

Die Zellen des angeborenen Immunsystems reagieren sehr rasch auf unerwünschte Substanzen, indem sie antimikrobielle Peptide sezernieren, die pathogene Mikroorganismen abtöten, oder eine Entzündungsantwort auslösen. Für die Erkennung der unerwünschten Substanzen tragen die Immunzellen sogenannte Mustererkennungsrezeptoren (TLR, toll like receptor) auf ihrer Oberfläche, mit denen sie an bestimmten Signaturen „Feinde" identifizieren. Immunzellen des adaptiven Immunsystems reagieren spezifisch auf unerwünschte Substanzen, indem sie dafür sorgen, dass gezielt gegen den Eindringling gerichtete Moleküle hergestellt werden. Eine typische Reaktion des adaptiven Immunsystems ist die Herstellung von Antikörpern gegen bestimmte Antigene. Dabei können die Antigene aus Nahrungsmitteln stammen oder Strukturen von Mikroben sein. Dringt das Antigen durch die Darmmukosa werden in der darunterliegenden Bindegewebsschicht, der Lamina propria, antigenpräsentierende Zellen, Fresszellen, T- und B-Lymphocyten aktiviert. Letztendlich werden die für das Immunsystem des Darms typischen Antikörper der Klasse A, IgA, hergestellt und in das Darmlumen transportiert. Dort erkennen und inaktivieren sie das Antigen. Eine spezifische, adaptive Immunantwort erfordert mehrere Aktivierungsschritte, sodass Tage bis Wochen vergehen, bis sie wirksam wird.

Immuntoleranz

Normalerweise richtet der Darm keine Abwehrreaktion gegen Moleküle, die wir mit der Nahrung aufnehmen oder gegen die „guten" Darmbakterien. Diese Eigenschaft des Immunsystems des Darms wird als Toleranz bezeichnet. Immuntoleranz lernt unser Organismus ab dem Zeitpunkt der Geburt. Sobald der Schutz durch das mütterliche Immunsystem abklingt, muss der Säugling sein eigenes Immunsystem entwickeln und sich mit den von außen kommenden, fremden Molekülen auseinandersetzen. Je variantenreicher sich die Außenwelt präsentiert, je besser stehen die Chancen gegen möglichst viele Moleküle Toleranz zu entwickeln. Aus diesem Grund ist es ratsam, Säuglinge ab dem vierten Lebensmonat mit möglichst vielen verschiedenen Nahrungsmitteln und Mikroorganismen zu konfrontieren. Dadurch kann die Gefahr einer Allergie oder Lebensmittelunverträglichkeit drastisch reduziert werden.

Zur Vermeidung einer Glutenunverträglichkeit wird empfohlen, dass Kinder ab dem vierten aber vor dem zwölften Lebensmonat erstmals glutenhaltige Nahrung erhalten.

Auf dem Prinzip der Toleranzentwicklung beruht auch die Hyposensibilisierung bei Allergien: Über einen Zeitraum von mehreren Jahren wird die Substanz, gegen die wir allergisch sind, das Allergen, in steigenden

Konzentrationen appliziert, z. B. in Form von Tabletten. Der Organismus lernt dadurch die Substanz zu tolerieren und im Falle eines Ansprechens auf die Therapie verschwindet die allergische Reaktion oder sie wird zumindest schwächer.

3.3 Die Mikrobiota des Darms

Mehrere Milliarden Mikroorganismen bewohnen unseren Darm und nehmen maßgeblich Einfluss auf unsere Gesundheit. Sie beeinflussen nicht nur die Verdauung von Nahrungsmitteln und die Verwertung von Nährstoffen, sondern auch unsere Infektanfälligkeit, die Entwicklung unseres Immunsystems und unser Verhalten (Cryan und Dinan 2012; O'Connor 2013).

Die Gesamtheit der intestinalen Mikroorganismen, die Mikrobiota, besteht aus 10^{13}–10^{14} Zellen, der menschliche Organismen enthält – ohne seine Mikroorganismen – „nur" etwa 4×10^{13} Zellen. Die Mikrobiota wiegt bis zu 2 kg und besteht überwiegend aus Bakterien und zu einem kleinen Teil aus Pilzen, Viren und anderen einzelligen Organismen. Der häufig benutzte Begriff „Mikrobiom" bezieht sich auf die Gesamtheit des genetischen Materials der Mikroben. Es wird geschätzt, dass das mikrobielle Genom des Darms etwa 3 Mio. proteincodierende Gene enthält, 150 mal mehr als das menschliche Genom (Qin et al. 2010).

Die intestinale Mikrobiota enthält bei allen Menschen eine ähnliche Zusammensetzung in Bezug auf die Bakterienstämme (Phyla), jedoch zeigt sich eine große Variabilität bezüglich der Mitglieder eines Stammes (Spezies) (Zeißig 2016). Die Entwicklung der Mikrobiota eines Individuums wird bestimmt durch die Mikrobiota der Mutter, genetische Faktoren der Familie und Umweltbedingungen, beispielsweise Ernährung oder Stress. Es ist letztendlich das Ergebnis einer symbiontischen Beziehung: Der Mensch stellt den Bakterien einen geeigneten Lebensraum zur Verfügung und die Bakterien helfen dem Menschen bei der Verdauung, z. B. indem sie pflanzliche Kohlenhydrate spalten und wertvolle Stoffwechselprodukte für ihn herstellen. Auch schützt die Mikrobiota eines gesunden Darms vor dem Übertritt schädlicher Substanzen in den Körper und der Besiedlung mit pathogenen Mikroorganismen sowie überschießenden Immunreaktionen.

Wichtige Funktionen der intestinalen Mikrobiota sind

- Unterstützung bei der Verwertung von für den Menschen unverdauliche Nahrungsbestandteile
- Herstellung von Metaboliten für die Ernährung der Darmzellen (Enterocyten) und dadurch Aufrechterhaltung eines intakten Darmepithels

- Herstellung von Metaboliten für die Ernährung gesundheitsfördernder Darmbakterien und dadurch Aufrechterhaltung einer ausgewogenen Mikrobiota
- Regulation der Genexpression, z. B. um das Wachstum von Krebszellen im Colon zu hemmen
- Aufrechterhaltung und Modulation des angeborenen und erworbenen Immunsystems, z. B. durch anti-inflammatorische Eigenschaften
- Herstellung von Mediatoren, die mit anderen Organen kommunizieren und dadurch Beeinflussung des Verhaltens

Was zeichnet eine „gesunde“ Mikrobiota aus? In einer gesunden Mikrobiota arbeiten die Bakterien Hand in Hand (Harmsen und de Goffau 2016). Manche Bakterien stellen nicht nur wertvolle Stoffe für den Menschen her, sondern auch für die benachbarten Bakterien. Dazu verwerten die Bakterien geeignete Nährstoffe aus der menschlichen Nahrung, so genannte Präbiotika. Zu den Präbiotika gehören unverdaubare Ballaststoffe, wie die FODMAP und andere Oligosaccharide, die in der Schale von Getreidekörnern, in Hülsenfrüchten, Zwiebeln, Äpfeln und weiteren Obst- und Gemüsearten vorkommen. Durch den Abbau der Präbiotika, v. a. zu kurzkettigen Carbonsäuren (Butyrat, Propionat und Acetat), wird die gesunde Mikrobiota aufrechterhalten (Louis et al. 2016).

Zu den besonders nützlichen Bakterien gehören beispielsweise einige Spezies der Clostridien (Gruppe IV und XIVa), die Butyrat und andere kurzkettige Fettsäuren herstellen (doch Achtung Clostridium difficile ist ein besonders schädliches Bakterium). Auch Probiotika wie Bifidobacterium und Lactobacillus wirken sich günstig aus, indem sie Propionat und Acetat herstellen und u. a. die Bildung bestimmter Botenstoffe hemmen, die an der Entstehung von Depressionen und anderen psychischen Erkrankungen beteiligt sind (Fung et al. 2017). Faecalibacterium prausnitzii, das v. a. im Dickdarm vorkommt, wird eine positive Wirkung auf unser Immunsystem zugeschrieben.

Wie kommt es zu Störungen der Mikrobiota? Eine gestörte Ökologie im Darm, eine Dysbiose, stellt einen Nährboden für zahlreiche Krankheiten dar. Deshalb ist es nicht verwunderlich, dass bei Individuen mit chronisch entzündlichen Darmerkrankungen ein Ungleichgewicht in der Zusammensetzung der intestinalen Mikrobiota zugunsten „schlechter Bakterien“ nachgewiesen werden kann (Matthes 2016). Unklar ist, ob die ungünstige Mikrobiota zur Erkrankung führt oder ob andere Einflüsse, z. B. genetische Disposition oder Ernährung, zu einer Schädigung der Darmmukosa führen und eine Dysbiose die Folge ist. Sicher ist, dass eine Imbalance der Mikrobiota Entzündungsreaktionen fördert und zu einer Undichtigkeit des Darmepithels führt. Ist das

mikrobielle Ökosystem erst einmal aus dem Gleichgewicht und das Epithel geschädigt, beginnt ein Teufelskreis, der Entzündungsreaktionen unterhält und nur schwer unterbrochen werden kann. Abhilfe schaffen können eventuell Therapien mit „guten“ Bakterien, Probiotika, die oral zugeführt werden können, oder Stuhltransplantationen von gesunden Probanden (Kump und Högenauer 2016). Jedoch spielen bei der Entstehung chronisch entzündlicher Erkrankungen in den meisten Fällen auch genetische Faktoren eine Rolle, die nicht beseitigt werden können.

Auch die Mikrobiota von Zöliakiepatienten enthält weniger der „guten“ Bifidobakterien und Lactobacillen, dafür aber mehr der „schlechten“ Proteo- und Enterobakterien (Verdu et al. 2015). Allerdings ist unklar, ob dies an der glutenfreien Ernährung liegt oder an der genetischen Disposition der Patienten. Ähnlich wie bei Patienten mit chronisch entzündlichen Darmerkrankungen, kann auch bei Zöliakiepatienten das Darmepithel seine Barrierefunktion nicht mehr erfüllen. Da Zöliakie hochgradig mit genetischen Faktoren korreliert, wird eine Veränderung der Mikrobiota alleine keine Abhilfe schaffen können. Vielmehr muss die Menge an Glutenpeptiden (Abschn. 2.3) reduziert und die Immunantwort unterbunden werden (Abschn. 4.1).

Mit Glutenunverträglichkeit assoziierte Erkrankungen

Die Häufigkeit weizenabhängiger Erkrankungen in Deutschland wird von Experten auf bis zu 7 % geschätzt (Felber et al. 2014). Dabei werden Antigen-spezifische und Antigen-unspezifische Erkrankungen unterschieden (Abb. 4.1). Antigen-spezifische Erkrankungen werden durch eine Immunreaktion auf eine bestimmte Substanz, das Antigen, ausgelöst. Nur in den wenigsten Fällen ist gesichert, dass Gluten das Antigen, also das krankmachende Agens, ist. In vielen Fällen scheinen andere Inhaltsstoffe des Weizens die Erkrankung auszulösen oder zu verstärken. Oft kann über das krankheitsverursachende Agens nur spekuliert werden. Eindeutig auf Gluten zurückführbar ist Zöliakie, auf Weizen zurückführbar sind manche Allergien. Können weder Zöliakie noch eine Weizenallergie diagnostiziert werden, spricht man von einer Nicht-Zöliakie-Nicht-Weizenallergie-Weizensensitivität. Im allgemeinen Sprachgebrauch wird unter dem Begriff „Glutenunverträglichkeit" oft „Weizenunverträglichkeit" subsummiert, obwohl für letztere mehr Faktoren in Frage kommen als für erstere.

4.1 Zöliakie

In Deutschland liegt die Prävalenz der Zöliakie bei 0,3–0,7 % (Koletzko 2013), wobei die Patientenzahlen in den letzten Jahren gestiegen sind. Dabei ist unklar, ob die Zunahme der Erkrankung auf Umweltfaktoren, wie Veränderungen der Ernährung, vermehrte Darminfektionen und früher Antibiotikagebrauch bereits im Kindesalter, oder auf bessere Diagnosemethoden oder Bewusstseinsänderungen zurückzuführen ist (Lebwohl et al. 2018). Tatsächlich hat sich das Diagnosealter von der frühen Kindheit ins Schulkindalter und teilweise bis ins Erwachsenenalter verschoben.

C. Harter, *Glutenunverträglichkeit*, essentials,
https://doi.org/10.1007/978-3-658-28163-2_4

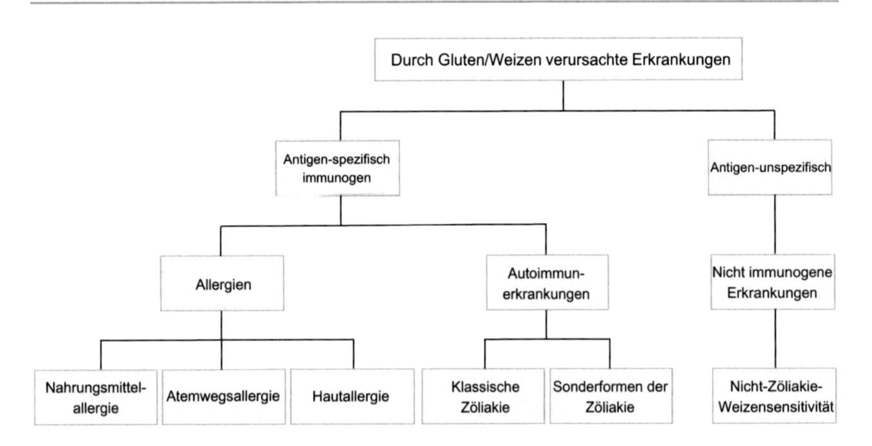

Abb. 4.1 Durch Gluten oder Weizen verursachte Erkrankungen

Zöliakie ist eine Autoimmunerkrankung, die in genetisch prädisponierten Personen durch eine Immunreaktion gegen Gluten ausgelöst wird und lebenslang bestehen bleibt. In der klassischen Form zeigt sich Zöliakie als eine chronisch-entzündliche Darmerkrankung mit Malabsorption und abdominalen Beschwerden. Jedoch ist das klinische Erscheinungsbild sehr vielschichtig und heterogen. Außer dem Dünndarm als das primär betroffene Organ, können auch Organe außerhalb des Verdauungstraktes betroffen sein. Zöliakiepatienten leiden teilweise an Depressionen, Müdigkeit und Schlaflosigkeit, auch Leber, Knochensubstanz oder das Nervensystem können in Mitleidenschaft gezogen werden (Felber et al. 2014).

Sonderformen der Zöliakie sind

- Dermatitis herpetiformis, eine chronisch entzündliche, blasenbildende Hauterkrankung
- zerebrale Ataxie, die mit Krampfanfällen und Störungen der Motorik einhergeht
- refraktäre Zöliakie, bei der die Patienten auf eine glutenfreie Diät nicht ansprechen
- potenzielle Zöliakie, bei der die Patienten trotz genetischer und serologischer Indikationen, symptomlos sind.

Zöliakie ist eindeutig diagnostizierbar. Unabhängig von den klinischen Ausprägungen sind im Blut von Patienten Antikörper gegen die Gewebe-Transglutaminase (tTG) nachweisbar. Da tTG ein körpereigenes Protein ist, und nur

Zöliakiepatienten Antikörper dagegen herstellen, also tTG als fremd erkennen, gilt Zöliakie als eine Autoimmunerkrankung.

Nur Individuen mit einer genetischen Veranlagung erkranken an Zöliakie. Etwa 85–90 % der Zöliakiebetroffenen in Europa tragen das Histokompatibilitätsmerkmal HLA-DQ2, etwa 10–15 % tragen das Merkmal HLA-DQ8. Fehlen diese Merkmale kann Zöliakie praktisch ausgeschlossen werden. Da 25–35 % der Bevölkerung positiv für eines dieser Merkmale sind, aber weniger als 1 % der Bevölkerung in Deutschland an Zöliakie erkrankt ist, muss es noch andere, bisher unbekannte Faktoren geben, die zum Krankheitsbild beitragen.

Histologisch zeigen Zöliakiebetroffene (Ausnahme sind Individuen mit potenzieller Zöliakie) Veränderungen der Dünndarmschleimhaut, die je nach Schweregrad in verschiedene Stadien eingeteilt werden und typischerweise folgende Merkmale aufweisen:

- eine erhöhte Anzahl intraepithelialer Lymphocyten (IEL). Diese Zellen weisen auf eine Entzündungsreaktion hin. Je mehr IEL vorhanden sind, je stärker ist die Entzündungsantwort und je größer ist die Beschädigung der Darmschleimhaut.
- Verlängerung der Krypten (Kryptenhyperplasie) als Anzeichen eines Umbaus der Darmschleimhaut aufgrund von Entzündungsprozessen.
- Verkürzung bis zur vollständigen Abflachung der Zotten, eine sogenannte Zottenatrophie. Aufgrund der Zottenatrophie kommt es zur gestörten Aufnahme von Nährstoffen aus dem Darm (Malabsorption) und chronischen Entzündungen.

Die Zerstörung der Darmschleimhaut ist reversibel. Durch Entfernen von Gluten aus der Ernährung kann sich die Darmschleimhaut wieder vollständig regenerieren, sodass Zöliakiepatienten symptomfrei leben können.

Kennzeichen von Zöliakie

- **Intestinale Symptome*:** Bauchschmerzen, Durchfall, Verstopfung, Blähungen, Übelkeit, Appetitlosigkeit
- **Extraintestinale Symptome*:** Anämie, Depressionen, Schlaflosigkeit, Müdigkeit, Gewichtsverlust, Osteoporose, u. a.
- **Dünndarmhistologie:** vermehrte Anzahl intraepithelialer Lymphocyten, Zottenatrophie
- **Genetische Merkmale:** HLA-DQ2 oder HLA-DQ8

- **Serumkennzeichen:** Antikörper gegen Gewebe-Transglutaminase, ggf. Antikörper gegen Endomysium, Anti-Gliadin-Antikörper
- **Therapie:** strikt glutenfreie Ernährung
  * Die aufgelisteten Symptome stellen eine Auswahl dar, die in unterschiedlichen Ausprägungen auftreten oder auch fehlen können. Zur Erstellung einer Diagnose ist in jedem Fall ärztliche Beratung erforderlich.

Wie kann mit der Nahrung zugeführtes Gluten Zöliakie auslösen? Der postulierte Pathomechanismus beinhaltet folgende Schritte (Sollid et al. 2015) (Abb. 4.2):

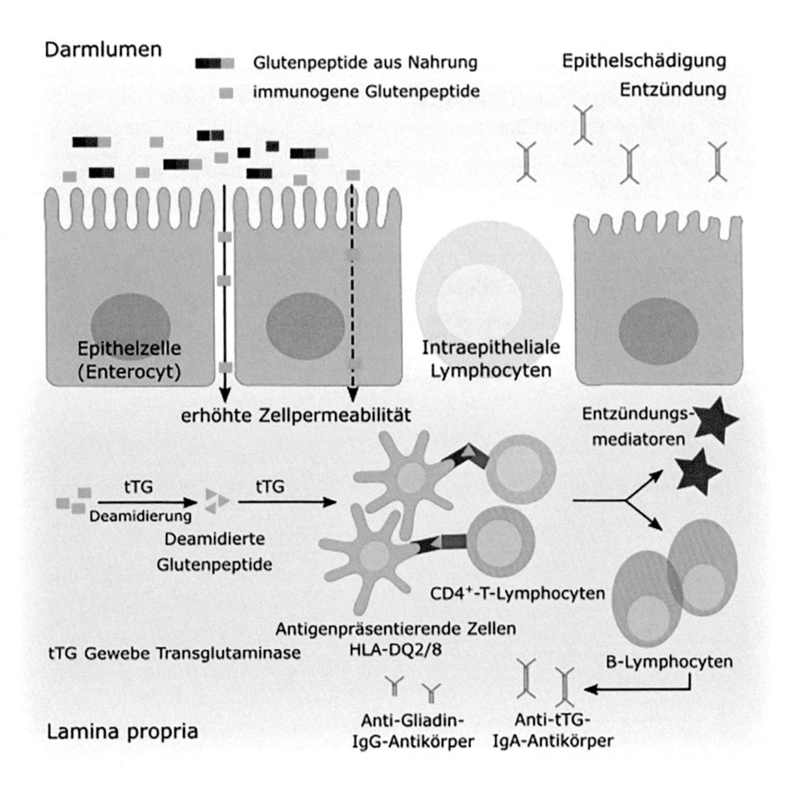

Abb. 4.2 Pathomechanismus der Zöliakie

- Im Darmlumen werden aus größeren Glutenpeptiden durch proteolytische Spaltung immunogene Glutenpeptide erzeugt, die entweder trans- oder parazellulär in die unterhalb des Darmepithels gelegene Gewebeschicht, die Lamina propria, gelangen. Die genauen Mechanismen wie Glutenpeptide in die Lamina propria gelangen sind nicht bekannt. Es ist nur bekannt, dass das Dünndarmepithel von Zöliakiepatienten für Glutenpeptide durchlässig ist, während bei Gesunden die Glutenpeptide im Darmlumen bleiben.
- In der Lamina propria wandelt Gewebe Transglutaminase (tTG), einige der in den Glutenpeptiden enthaltenen Glutamine in Glutamate um. Dieser Vorgang wird als Deamidierung bezeichnet. Er ist Voraussetzung für die Auslösung einer spezifischen Immunantwort.
- Deamidierte Glutenpeptide werden auf der Oberfläche von bestimmten antigenpräsentierenden Zellen (APC-HLA-DQ2 oder APC-HLA-DQ8) gebunden.
- Glutenpeptid-tragende APC werden von einem bestimmten T-Zelltyp, $CD4^+$-T-Lymphocyten, erkannt.
- $CD4^+$-T-Lymphocyten lösen Immunreaktionen in zwei Richtungen aus:
  - Sie stellen Entzündungsmediatoren her und lösen somit eine Entzündungsantwort aus, die u. a. zur Schädigung des Darmepithels führt.
  - Sie aktivieren B-Lymphocyten, die Antikörper gegen tTG und gegen Glutenpeptide herstellen. Diese Antikörper (Anti-tTG-IgA, Anti-Gliadin-IgG) dienen der Diagnose einer Zöliakie.

4.2 Weizenallergien

In der Datenbank der Allergenfamilien der Universität Wien (Database of allergen families) werden bei der Eingabe „wheat" 34 Allergene aufgelistet, die mehr als 300 Genen des Brotweizens zugeordnet werden können (Juhasz et al. 2018). Somit gehört Brotweizen zu den allergenreichsten Nahrungsmitteln. Doch nicht jedes potenzielle Allergen ruft eine Allergie hervor und nur relativ wenige Menschen erkranken.

Generell sind Allergene nicht pathogene körperfremde Substanzen, die nur bei überempfindlichen Personen eine Immunantwort auslösen. Auf Allergene in Lebensmitteln muss der Verbraucher hingewiesen werden (EU-Verordnung Nr. 1169/2011).

Die Angaben zur Prävalenz der Weizenallergie schwanken regional und je nach Altersgruppe zwischen 0,6 und 3 %, weltweit wird die Prävalenz auf unter 1 % geschätzt (Zuidmeer et al. 2008). Vor allem im Kindesalter können Allergien von selbst wieder verschwinden oder sie werden von einer Allergie gegen einen anderen Stoff aus der Umwelt abgelöst.

Allergien gehen – wie Zöliakie – mit Entzündungen und in den meisten Fällen der Bildung von Antikörpern, in diesem Fall Immunglobulinen der Klasse E (IgE), einher. Je nach Eintrittspforte des Allergens in den Körper äußert sich eine Allergie mit unterschiedlichen Symptomen (Christensen et al. 2014). Typisch sind Atemwegserkrankungen, Schleimhautschwellungen oder Hauterkrankungen, auch gastrointestinale Symptome können auftreten. Gemein ist den verschiedenen Allergieformen eine sehr rasche körperliche Reaktion unmittelbar nach Kontakt mit dem Allergen.

Bei den von **Weizen ausgelösten Allergien** werden unterschieden:

- **Nahrungsmittelallergien,** die nach Aufnahme des Allergens über den Mund auftreten.
- Eine spezielle Form ist die nur nach körperlicher Anstrengung auftretende Weizenallergie, die auch als **weizen-abhängige anstrengungsinduzierte Anaphylaxie** bezeichnet wird.
- **Bäckerasthma,** das nach Einatmen von Mehlstaub auftritt und sich vor allem als eine Erkrankung der Atemwege darstellt.
- **Urticaria** oder **Dermatitis,** durch Hautkontakt mit Weizenproteinen verursachte entzündliche Ausschläge.

Diagnosekriterien einer Weizenallergie sind eine Entzündungsreaktion der Haut, ein sogenannter Haut Prick Test, bei Auftragen von Weizenproteinen, und/oder der Nachweis von IgE-Antikörpern im Blutserum.

Die auslösenden Allergene können je nach Allergietyp unterschiedlich sein. In der klinischen Praxis ist in den meisten Fällen die molekulare Identität des Antigens unbekannt. Jedoch gelten ω-Gliadine als hauptsächliche Allergene bei der durch den Verzehr von Weizen ausgelösten Nahrungsmittelallergie. Bei der anstrengungsinduzierten Anaphylaxie, die nur bei Erwachsenen nach dem Verzehr weizenhaltiger Produkte in Verbindung mit körperlicher Anstrengung unter aeroben Bedingungen auftritt, konnte spezifisch ω5-Gliadin als Allergen identifiziert werden. Mit der Entstehung von Asthma bei Bäckern und Müllern, die ständig Mehlstäuben ausgesetzt sind, werden bestimmte ATI-Proteine (CM16) in Verbindung gebracht.

Kennzeichen einer Weizenallergie

- Typische **allergische Symptome** wie Schwellungen der Schleimhäute, Rhinitis, Atembeschwerden, Ausschläge
- Allergische Symptome treten **kurz nach Verzehr** von Weizen auf (wenige Minuten bis 2 h)

- **Intestinale** und **extraintestinale Symptome** ähnlich wie bei Zöliakie möglich, häufig auch Atemwegs- und Hautmanifestationen
- **Dünndarmhistologie:** keine oder geringe Schädigung des Darmepithels
- Ausschluss einer Zöliakie
- **Haut Prick Test:** Positive Reaktionen mit Weizenextrakt oder spezifischen Weizenproteinen
- **Serumkennzeichen:** Anti-Weizen IgE, oder IgE gegen spezifische Weizenproteine
- **Therapie:** Weizenfreie Ernährung, Vermeiden von Kontakt mit Weizenmehl, Vermeiden weizenhaltiger Kosmetika

4.3 Nicht-Zöliakie-Nicht-Weizenallergie-Glutensensitivität

Ein Zusammenhang zwischen dem Verzehr von Gluten und gastrointestinalen Symptomen bei fehlender Diagnose einer Zöliakie oder Allergie wurde erstmals Ende der 70er Jahre beschrieben (Ellis und Linaker 1978). Doch erst in den letzten Jahren entwickelte sich Glutenunverträglichkeit zu einem weltweiten Phänomen (Sapone et al. 2012). Häufig legen sich die Betroffenen auf Gluten als pathogenes Agens fest, ohne dass medizinische Diagnosekriterien, wie Anti-tTG-Antikörper bei Vorliegen einer Zöliakie oder Anti-Weizen-IgE-Antikörper bei Vorliegen einer Weizenallergie, erfüllt werden. In diesen Fällen bezeichnet man die Erkrankung in Fachkreisen als Nicht-Zöliakie-Nicht-Weizenallergie-Weizensensitivität oder – in Kurzform – als Nicht-Zöliakie-Weizensensitivität (NCWS) oder Nicht-Zöliakie-Glutensensitivität (NCGS).

Validierte Angaben zur Häufigkeit der NCWS/NCGS sind aufgrund fehlender Diagnosekriterien nicht möglich. Der Anteil selbstdiagnostizierter Patienten ist hoch, eine Trennung zwischen Krankheit und Modetrend schwierig. Inwieweit es sich bei NCWS/NCGS um ein eigenständiges Krankheitsbild handelt wird kontrovers diskutiert (Reese et al. 2018).

Eine aktuelle Beschreibung für NCWS/NCGS lautet: „Eine Erkrankung multifaktorieller Ätiologie aufgrund eines funktionalen Effekts, der durch FODMAP verursacht wird, kombiniert mit einer milden, durch Gluten getriggerten Immunreaktion und einer Dysbalance der Mikrobiota" (Plaum 2019). In diesem Bericht wird auch eine Beteiligung von ATI als Aktivatoren der angeborenen Immunabwehr erwähnt.

Kennzeichen von NCWS/NCGS

- **Intestinale** und **extraintestinale Symptome** ähnlich wie bei Zöliakie nach Verzehr weizenhaltiger Nahrungsmittel
- Symptome treten **Stunden** oder **Tage nach Weizenverzehr** auf und Verschwinden nach Absetzen weizenhaltiger Nahrungsmittel
- **Dünndarmhistologie:** keine oder minimale Schädigung des Darmepithels
- Ausschluss einer Zöliakie
- Ausschluss einer Weizenallergie
- **Therapie:** Ernährungsberatung und -umstellung, ggf. weizen- und/oder FODAMP-freie Ernährung

Die Diagnose einer NCWS/NCGS erfolgt derzeit aufgrund von Ausschlusskriterien und den Angaben der Betroffenen. Ein Nachweis, dass Gluten oder Weizen zum Krankheitsbild beitragen, kann nur durch ein kontrolliertes Ernährungsprogramm erfolgen. Der Gold Standard Test ist eine verblindete, placebokontrollierte, medizinisch betreute Studie, bei der der/die Betroffene glutenfreie oder glutenhaltige Nahrung zu sich nimmt (ohne zu wissen, ob er oder sie sich glutenfrei oder glutenhaltig ernährt). Die Symptome und die Einschätzung des Patienten/der Patientin und ggf. klinische Parameter werden dokumentiert. Als Kriterium für eine Weizen-/Glutensensitivität gilt eine Verbesserung der gastrointestinalen Symptome nach einer 6wöchigen glutenfreien Ernährung um mindestens 30 % (Catassi et al. 2015). Zur Sicherung der Diagnose sollte nach einer mehrwöchigen Karenzzeit überprüft werden, ob eine wiederholte Aufnahme von Gluten zu den bekannten Beschwerden führt.

Eine Auswertung mehrerer Studien zeigte, dass bei mehr als 80 % mutmaßlicher NCGS-Patienten Gluten als Auslöser der Erkrankung nicht bestätigt werden konnte (Molina-Infante und Carroccio 2017). Bei etwa 40 % der NCGS-Patienten zeigte sich ein Nocebo-Effekt, d. h. die Symptome in der Placebogruppe im Vergleich zur Gruppe, die das mutmaßlich schädigende Gluten zu sich genommen hat, haben sich verschlimmert oder sind unverändert geblieben. Dass allein die Annahme eine schädigende Substanz zu sich zu nehmen eine Symptomatik auslösen kann, ist ein häufiges Phänomen bei Nahrungsmittelunverträglichkeiten und macht es unmöglich einen Auslöser zu identifizieren. Nur bei etwa 20 % der selbstdiagnostizierten NCGS-Patienten konnte Gluten als Auslöser einer NCGS bestätigt werden (Dale et al. 2018). In einer anderen Studie mit selbstdiagnostizierten NCGS-Betroffenen konnte gezeigt werden, dass sich bei einer FODMAP-freien Diät die Symptome besserten (Biesiekierski et al. 2013).

Aufgrund der heterogenen Datenlage kann NCWS/NCGS als multifaktorielles Phänomen betrachtet werden. Zweifelsohne gibt es Patienten, bei denen eine Umstellung auf eine glutenfreie Ernährung symptomlindernd wirkt. Auch eine Reduktion des FODMAP-Anteils in der Nahrung kann zu einer Besserung der Beschwerden führen. Häufig merken die Patienten selbst, welche Art der Ernährung ihnen guttut und wählen von sich aus die für sie am besten verträglichen Nahrungsmittel. Aufgrund großer Nocebo-Effekte hat der „Glaube“ an ein „(un)gesundes“ Nahrungsmittel jedoch großen Einfluss auf dessen Verträglichkeit. Dies kann letztendlich dazu führen, dass Betroffene ein Nahrungsmittel meiden, ohne dass jemals wissenschaftlich eine Unverträglichkeit bestätigt werden kann.

Trotz fehlender spezifischer Diagnosekriterien gibt es das klinische Bild einer NCWS/NCGS. Es gibt Betroffene, die über Unwohlsein nach Verzehr von Weizen klagen und bei denen sich die Symptome nach einer Ernährungsumstellung bessern. Als mögliche Erklärung für die Aufrechterhaltung der Symptomatik gilt ein vorgeschädigtes Darmepithel, das durch die Lebens- und Ernährungsweise weiter geschädigt wird.

Folgende **Faktoren** können zur Ausprägung einer **NCWS/NCGS** beitragen:

- Genetische/epigenetische Prädisposition (u. a. HLA-DQ2/8)
- Prä- und postnatale Ernährung (Ernährung während der Schwangerschaft und Stillzeit)
- Ernährung im Erwachsenenalter (z. B. Diät reich an gesättigten Fettsäuren, ballaststoffarme Diät, etc.)
- Imbalance der intestinalen Mikrobiota (Dysbiose)

Wahrscheinlich bedarf es einer Kombination verschiedener Faktoren, die zu den Symptomen einer NCWS/NCGS führen. Ist das Darmepithel einmal geschädigt und wurde eine Entzündungsreaktion in Gang gesetzt, wird oftmals ein Teufelskreis unterhalten, der erst durch eine massive Änderung der Lebensgewohnheiten unterbrochen werden kann.

Folgende **Pathomechanismen** werden für die Entstehung von **NCWS/NCGS** diskutiert (Potter et al. 2018; Schuppan et al. 2015) (Abb. 4.3):

- Erhöhte Permeabilität des Darmepithels durch Dysbiose/Ernährung
- Gluten und/oder ATI zerstören die tight junctions zwischen den Epithelzellen und können parazellulär in die Lamina propria gelangen.
- Weitere Antigene aus der Nahrung oder von Mikroorganismen gelangen in die Lamina propria

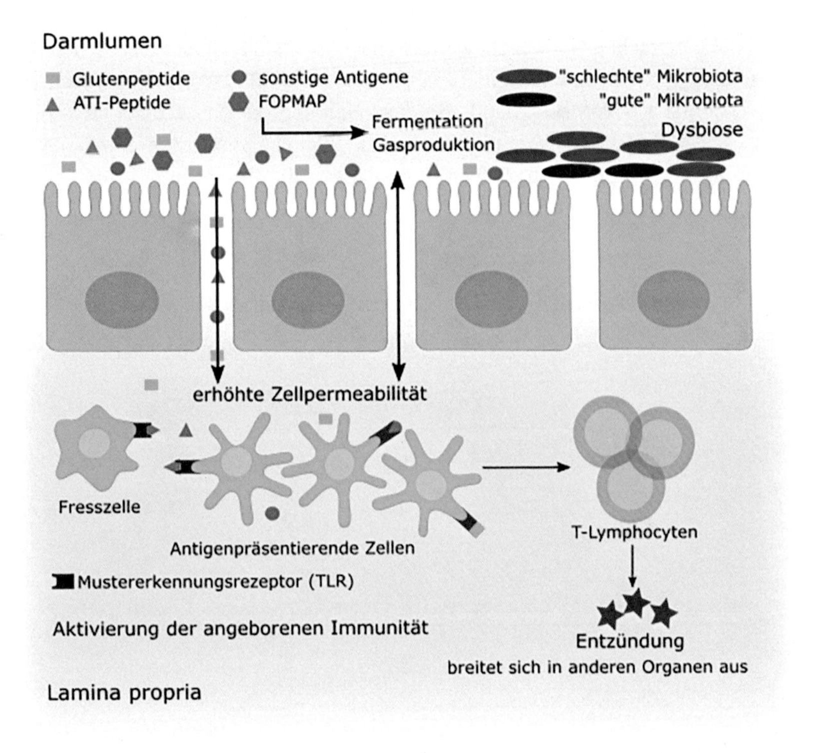

Abb. 4.3 Faktoren und Mechanismen, die zur Entstehung einer NCGS/NCWS beitragen können

- ATI aktiviert über Mustererkennungsrezeptoren (TLR 4) die angeborene Immunabwehr
- ATI, Glutenpeptide und möglicherweise sonstige Antigene lösen Entzündungsreaktionen aus.
- FODMAP werden durch Darmbakterien unter Produktion von Gasen verstärkt abgebaut. Die Gase führen zu Blähungen, die Abbauprodukte beeinflussen den Stoffwechsel und die Mikrobiota.

5 Gluten in der Ernährung

5.1 Vorteile einer glutenhaltigen Ernährung

Gluten ist keine Erfindung der Moderne. Glutenhaltige Getreide sind Bestandteil der Ernährung seit die Menschheit vor etwa 10.000 Jahren sesshaft wurde und begann Ackerbau zu betreiben. Die Zusammensetzung des Glutens wurde seither züchterisch optimiert, um die Backeigenschaften der Mehle zu verbessern. Dennoch hat sich der Anteil an Glutenproteinen im Weizenkorn in den letzten Jahrzehnten nicht unbedingt verändert, vor allem enthält moderner Brotweizen nicht mehr immunogene Gliadinpeptide als alte Sorten (Ribeiro und Nunes 2019). Auch wurden keine fremden Gene durch Manipulation des Erbgutes in Weizen eingeführt – im Gegensatz zu Mais und Soja. Das menschliche Immunsystem konnte sich also in den letzten Jahrtausenden mit Gluten als Nahrungsbestandteil auseinandersetzen und hat in der Regel eine orale Toleranz gegenüber Gluten entwickelt.

Nach Mais trägt Weizen maßgeblich zur Ernährung der Weltbevölkerung bei. Weizen ist ernährungsphysiologisch ein wertvolles Nahrungsmittel, insbesondere wenn das ganze Korn konsumiert wird.

Das Weizenkorn besteht im Wesentlichen aus 3 Teilen (Hemery et al. 2007) (Abb. 5.1)

1. Der Frucht- und Samenschale, die das Korn umhüllt und den größten Teil der Ballaststoffe und einen Teil der Mineralien enthält.
2. Dem Mehlkörper, Endosperm, der von der Aleuronschicht umgeben ist und mit etwa 85 % den größten Teil des Korns ausmacht. Der Mehlkörper enthält die Energiespeicher des Korns, Kohlenhydrate (Amylose und Amylopektin) und Speicherproteine, also v. a. Gluten. Die Aleuronschicht enthält die höchsten Konzentrationen an Mineralien und wasserlöslichen Vitaminen.

C. Harter, *Glutenunverträglichkeit*, essentials,
https://doi.org/10.1007/978-3-658-28163-2_5

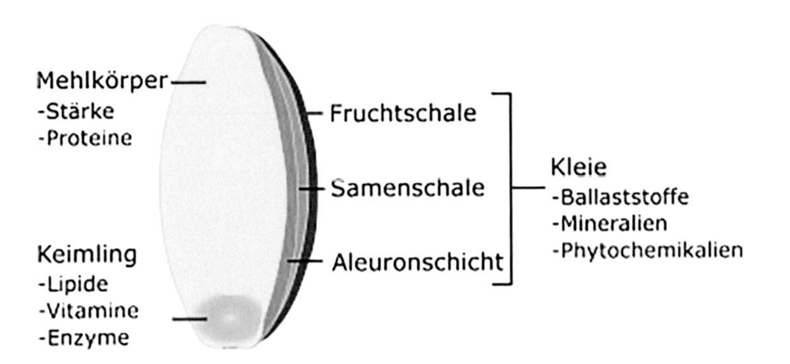

Abb. 5.1 Aufbau und Inhaltsstoffe eines Weizenkorns

3. Dem Keimling mit Keimblatt und Keimwurzel, der mit nur etwa 3 % den kleinsten aber gehaltvollsten Teil des Korns ausmacht und neben Proteinen auch wertvolle Lipide und fettlösliche Vitamine enthält, die z. B. in Weizenkeimöl vorkommen.

Bei der Verarbeitung des Weizenkorns wird in jedem Fall der Mehlkörper verwendet. Somit enthalten Weizenerzeugnisse die Speicherkohlenhydrate und -proteine des Mehlkörpers. Zur Herstellung verschiedener Mehltypen werden der Keimling und zu unterschiedlichen Anteilen die Samenschale abgetrennt. Beispielsweise enthalten 100 g Mehl des Typs 405, 405 mg Asche, was etwa dem Mineraliengehalt entspricht. Mehle mit höheren Typennummern enthalten entsprechend einen höheren Anteil an Mineralien und Ballaststoffen. Für die Herstellung von Vollkornmehlen oder Vollkornschrot wird – nach Entfernen einer nur dünnen Schicht der äußeren Schale – das gesamte Korn, also auch der Keimling, verwendet. Somit sind Vollkornerzeuge besonders reich an Ballaststoffen und Mineralien, aber auch an Vitaminen und sekundären Pflanzenstoffen.

Weizenkörner im gereinigten und getrockneten Zustand enthalten durchschnittlich 65 % langkettige und komplexe Kohlenhydrate, 15 % Eiweiß, 13 % Ballaststoffe, 2 % Fett und verschiedene Vitamine (v. a. Vitamin B1, B6, E), Mineralien (v. a. Eisen, Magnesium, Zink), sowie sekundäre Pflanzenstoffe (v. a. Polyphenole, Phytosterole).

Durch eine Ernährung mit vollwertigen Weizenprodukten kann der empfohlene Ballaststoffgehalt von etwa 30 g pro Tag gut gedeckt werden. Mais oder Reis, aber auch die Pseudogetreide Amaranth und Quinoa enthalten viel weniger Ballaststoffe. Auch bei der Deckung des Bedarfs an bestimmten Mineralien und Vitaminen leisten Vollkornerzeugnisse aus Weizen (oder Roggen und Gerste)

wertvolle Dienste. Darüber hinaus tragen der hohe Gehalt an komplexen Kohlenhydraten und der niedrige Fettanteil von Weizen zu einer gesunden Ernährung bei (Healthgrain Forum).

Die durchschnittliche Ernährung in westlichen Industrienationen enthält zu viel Fett und zu viel raffinierte Zucker, dafür zu wenig Ballaststoffe und komplexe Kohlenhydrate. Diese eher ungesunde Ernährung bedingt eine Reihe von Zivilisationskrankheiten wie Fettleibigkeit, Diabetes mellitus Typ II, koronare Herzerkrankungen und Dyslipidämien verbunden mit zu hohen Cholesterinwerten. Mit einer an Getreideprodukten reichen Ernährung gelingt es leicht, sich gesund zu ernähren, ohne auf Nahrungsergänzungsprodukte zurückgreifen zu müssen. Lediglich die Proteine in Getreide sind nicht vollwertig, weshalb die Ernährung durch Proteine aus tierischen Produkten oder Hülsenfrüchten und Pseudogetreide ergänzt werden sollte.

Im Rahmen des „Healthgrain-Projektes", eines von der EU geförderten Forschungsprojektes, wurde untersucht, inwieweit sich eine Ernährung mit Vollkornerzeugnissen auf das Auftreten typischer chronischer Erkrankungen der westlichen Industrieländer, so genannter „Life-style" Erkrankungen auswirkt (Bjorck et al. 2012).

Zusammenfassend lieferten die Studien folgende Ergebnisse (Hauner et al. 2012).

Eine Ernährung mit Vollkornprodukten

- Reduziert das Risiko an Fettleibigkeit (Adipositas) zu erkranken
- Reduziert das Risiko an Diabetes mellitus Typ II („Altersdiabetes" oder ernährungsbedingter Diabetes) zu erkranken
- Reduziert das Risiko an Bluthochdruck zu erkranken
- Reduziert das Risiko koronarer Herzerkrankungen
- Reduziert den Plasmaspiegel an Gesamtcholesterin und LDL-Cholesterin („schlechtes" Cholesterin).
- Reduziert das Risiko an Dickdarmkrebs zu erkranken

Worauf sind die positiven Eigenschaften des Vollkorns zurückzuführen?

Vor allem den Ballaststoffen und sekundären Pflanzenstoffen werden die gesundheitsfördernden Eigenschaften zugeschrieben (Bach Knudsen et al. 2017). Ballaststoffe stellen eine heterogene Gruppe von Nahrungsmittelbestandteilen dar, deren Struktur und Komplexität nur teilweise bekannt ist. Jedoch ist allen Ballaststoffen gemeinsam, dass sie poly- oder oligomere Kohlenhydrate enthalten, die vom menschlichen Verdauungssystem nicht gespalten und im Dünndarm nicht aufgenommen werden können. Sie gelangen in den Dickdarm, wo die fermentierbaren Ballaststoffe von Darmbakterien verwertet werden können.

Die nicht fermentierbaren Ballaststoffe werden unverdaut oder nur wenig verändert ausgeschieden. Dadurch wir die Motilität des Darms erhöht, die Transitzeit der Nahrungsbestandteile im Darm verkürzt und das Stuhlvolumen erhöht, was sich günstig auf die Darm- und Stoffwechselfunktion auswirkt. Darüber hinaus dienen Ballaststoffe als Präbiotika der Aufrechterhaltung einer gesunden Mikrobiota, indem sie die Vermehrung der „guten" Darmbakterien fördern, und gleichzeitig die Vermehrung „schlechter" Darmbakterien unterbinden.

An Ballaststoffe sind verschiedene bioaktive Substanzen gebunden, sogenannte Phytochemikalien oder sekundäre Pflanzenstoffe. Hierzu gehören u. a. Flavonoide und aromatische Carbonsäuren. Sie dissoziieren im Darm von den Ballaststoffen ab, werden teilweise von den Darmbakterien modifiziert und können dann von den Darmepithelzellen aufgenommen und über das Blut im Körper verteilt werden. Ihnen werden anti-oxidative und anti-entzündliche Eigenschaften nachgesagt.

Fazit glutenhaltige Ernährung

Für gesunde Menschen hat glutenhaltige Kost aus mehreren Gründen positive Auswirkungen: Sie enthält ernährungsphysiologisch viele gute Bestandteile und sie unterstützt die Aufrechterhaltung einer gesunden intestinalen Mikrobiota, die mit nützlichen, anti-entzündlich wirkenden Bakterien angereichert ist.

Gluten ist unzertrennlich mit dem Weizenkorn verbunden. Während die Ballaststoffe, Mineralien und Phytochemikalien überwiegend in den äußeren Schalen, der Kleie, enthalten sind, befindet sich Gluten im Inneren des Korns, dem Mehlkörper. Schalen und Mehlkörper können nicht vollständig voneinander getrennt werden. Eine ballaststoffreiche Ernährung mit Weizen enthält also immer auch Gluten.

5.2 Vorteile einer glutenfreien Ernährung

Glutenfrei sollten sich Patienten mit einer diagnostizierten Zöliakie oder Weizenallergie ernähren. Gluten löst bei diesen Patienten Entzündungsreaktionen aus, die nicht nur das Darmepithel schädigen und somit die Darmgesundheit beeinträchtigen, sondern die Auswirkungen auf andere Gewebe, wie Knochen, Leber oder das Nervensystem haben können. Eine glutenhaltige Ernährung kann bei diesen Patienten langfristig zu schweren, oft irreversiblen Schäden des gesamten Organismus führen. Durch glutenfreie Ernährung können jedoch die meisten Patienten mit Zöliakie oder Weizenallergie beschwerdefrei leben.

Bei Patienten mit NCWS/NCGS kann glutenfreie Ernährung zu einer Verbesserung der Symptome beitragen. Jedoch gilt in den meisten Fällen Gluten selbst nicht als krankheitsauslösend. Vielmehr können andere nahrungs- oder umweltbedingte Faktoren wie FODMAP, Alkohol, fettreiche Ernährung oder Stress, zu einer Dysbiose der Mikrobiota, einer Undichtigkeit des Darmepithels, und Entzündungen beitragen (Dieterich et al. 2019). Ist die Darmgesundheit beeinträchtigt reagiert der Organismus viel empfindlicher auf Nahrungsbestandteile, wie Gluten oder Lactose, obwohl er diese Substanzen mit einem gesunden Darm gut vertragen kann.

Oft ist es einen Versuch wert, die krankheitsauslösende Komponente herauszufinden, indem bewusst – außer Weizenerzeugnisse – auch beispielsweise FODMAP oder Fett in der Ernährung reduziert werden. Manchmal regenerieren sich das Darmepithel und das intestinale Ökosystem durch die Ernährungsumstellung. Nach einer Besserung der Symptomatik können wieder geringe Mengen an Gluten bzw. Weizenerzeugnissen zugeführt werden.

Auch Ballaststoffe können Probleme verursachen. Ihre positiven Eigenschaften als Präbiotika sind nicht für alle Individuen nützlich. Manche Menschen können Ballaststoffe schlecht vertragen, weil dadurch vermehrt gasproduzierende Bakterien wachsen, die durch die Gasbildung zu Druck im Bauchraum und Blähungen führen. Eine Reduktion der Ballaststoffe in der Ernährung kann hier Abhilfe schaffen.

Fazit glutenfreie Ernährung

Für Individuen mit Zöliakie ist eine glutenfreie Ernährung derzeit die einzig wirksame Therapieoption. Bei Weizenallergien bestimmt die Art der Allergie, ob glutenfreie Ernährung Abhilfe schafft. Bei NCWS/NCGS ist Gluten eher selten das krankmachende Agens. Hier sollte – nach medizinischer Beratung – durch eine gezielte Ernährungsumstellung der krankmachende Faktor identifiziert werden.

5.3 Nachteile einer glutenfreien Ernährung

Die Vorteile einer glutenhaltigen Ernährung sind gleichzeitig die Nachteile einer glutenfreien. So birgt eine glutenfreie Ernährung die Gefahr einer Mangelversorgung an komplexen Kohlenhydraten und Ballaststoffen sowie an bestimmten Vitaminen, Mineralien und Phytochemikalien.

Um ernährungsphysiologische Defizite zu vermeiden, ist es besonders wichtig auf die Qualität der Nahrungsmittel zu achten, durch die Gluten ersetzt wird (El Khoury et al. 2018). Ersatz durch Mais oder Reis liefert eher eine minderwertigere Ernährung, die von Natur aus ärmer an Ballaststoffen, Vitaminen, Mineralien und Phytochemikalien ist. In einer amerikanischen Studie wurden sogar erhöhte Konzentrationen an giftigem Arsen und Quecksilber im Urin bzw. Blut von Personen gemessen, die sich glutenfrei ernährten. Normalerweise sollte in keinem Lebensmittel Arsen oder Quecksilber vorkommen. Es wird vermutet, dass Reismehl die Ursache der Kontamination war, da Reis oft in Gebieten mit arsen- und quecksilberhaltigen Böden angebaut wird (Bulka et al. 2017). Dieses drastische Beispiel der negativen Auswirkung einer glutenfreien Ernährung unterstreicht die Bedeutung einer ausgewogenen qualitativ hochwertigen Diät. Wertvollen Getreideersatz können Buchweizen, Amaranth oder Quinoa bieten. Jedoch können diese Pseudogetreide den Verlust nur teilweise ausgleichen. Zum einen werden sie nicht in dem Maß angebaut, dass sie den weltweiten Bedarf decken könnten. Zum andern haben sie nicht die Back- und sensorischen Qualitäten, dass sie einen adäquaten Ersatz für die gewohnten Back- und Teigwaren liefern.

Um mit glutenhaltigen Erzeugnissen vergleichbare Back- und Teigwaren herzustellen, müssen den glutenfreien Ausgangsmaterialien verschiedene Substanzen wie Ballaststoffe, Verdickungsmittel oder Geschmacksträger zugegeben werden. Die so erzeugten Nahrungsmittel enthalten oft viel mehr Komponenten als ein Erzeugnis aus natürlichem glutenhaltigem Getreide und häufig auch synthetische Ballaststoffe wie modifizierte Cellulose. Die verschiedenen Zusatzstoffe bergen die Gefahr Unverträglichkeiten hervorzurufen.

Metaanalysen, bei der mehrere Studien zur glutenfreien Ernährung von Zöliakiepatienten ausgewertet wurden, haben ergeben, dass Defizite bei der Versorgung mit Ballaststoffen, verschiedenen Vitaminen und Mineralien bestehen, bei gleichzeitig zu hohem Gehalt an Fetten und einfachen Zuckern (Melini und Melini 2019).

Auch die Auswertung der Ernährung von mehreren Tausend nicht an Zöliakie erkrankten Personen liefert Hinweise, dass eine glutenhaltige Ernährung im Vergleich zu einer glutenfreien positive Auswirkungen auf die Gesundheit hat. Ein geringer Glutengehalt in der Ernährung korrelierte mit einem erhöhten Risiko an koronarer Herzkrankheit und an Diabetes mellitus Typ II zu erkranken (Lebwohl et al. 2017). Die Autoren dieser Studien schlussfolgern, dass der geringere Gehalt an wertvollen Ballaststoffen des Weizenkorns bei glutenarmer Ernährung zu einem erhöhten Krankheitsrisiko führen und raten gesunden Menschen von einer glutenfreien Ernährung ab.

Ein weiterer Nachteil glutenfreier Produkte ist der hohe Preis: Nahrungsmittel, die typischerweise aus glutenhaltigem Getreide hergestellt werden – wie Back- und Teigwaren – sind in glutenfreien Varianten oft viel teurer als die entsprechenden glutenhaltigen.

Auch kann sich aus dem Glauben, dass glutenfreie Ernährung gesünder ist als glutenhaltige eine Essstörung, Orthorexia nervosa, entwickeln. Gefährdet sind Personen, die sich übertrieben mit der Qualität ihrer Ernährung befassen. Ein weiterer Aspekt betrifft die Ernährung von Kindern: Eine glutenfreie Ernährung im Kindesalter birgt die Gefahr einer Allergieentwicklung, da der Organismus nicht die Möglichkeit hat, eine orale Toleranz gegenüber Gluten zu entwickeln.

6 Glutenfrei als Trend

In einer Befragung von 1002 Personen (55 % weiblich, 45 % männlich) in England in 2012 gaben 13 % an, an einer Glutenunverträglichkeit zu leiden, davon waren 79 % weiblich. Jedoch ernährten sich von dieser Personengruppe nur 3,7 % glutenfrei und bei nur 0,8 % wurde eine Zöliakie diagnostiziert (Aziz et al. 2014). Ähnliche Ergebnisse lieferten auch Befragungen anderer Bevölkerungsgruppen. In einer neuseeländischen Studie wurde herausgefunden, dass von knapp 600 Kindern etwa 5 % Gluten meiden, obwohl nur bei 1 % Zöliakie diagnostiziert wurde (Tanpowpong et al. 2012). Unter 910 Sportlern, darunter 18 Weltklasseathleten, gaben 41 % an, sich glutenfrei zu ernähren (Lis et al. 2016). Davon stellte mehr als die Hälfte die Diagnose „Glutenunverträglichkeit" selbst, verbunden mit dem Glauben, dass die Vermeidung von Gluten zu besseren Leistungen führt. In einer verblindeten Studie, in der ein Teil der Athleten glutenfreie Kost, der andere Teil glutenhaltige erhielt, zeigte sich jedoch kein Einfluss von Gluten auf die Leistung. Allein der Glaube an den Nutzen einer glutenfreien Diät trieb die Sportler offensichtlich zu besseren Leistungen an. Die Autoren dieser Studie heben hervor, dass Athleten besonders empfindlich auf gastrointestinale Probleme reagieren und sich besonders gesundheitsbewusst ernähren. Durch ihr Konsumverhalten beeinflussen sie Markt und Verbraucher, ohne dass Daten vorliegen, die das Verhalten wissenschaftlich begründen.

Für Deutschland gibt es mehrere statistische Erhebungen zum glutenfreien Konsumverhalten. Die aktuellste Befragung stammt aus dem Jahr 2019: von 1047 Personen gaben 5 % an, sich glutenfrei zu ernähren (Statista 2019). Bei einer Befragung in 2015 von 554 Verbrauchern, die bewusst biologische Nahrungsmittel einkauften, gaben 24 % an glutenfreie Nahrungsmittel einzukaufen (Biopinio 2015). Jedoch nur etwa jede 5. Person, die glutenfrei einkaufte, ernährte sich konsequent glutenfrei. Der größte Anteil der glutenfrei-Einkäufer, ass nur gelegentlich

C. Harter, *Glutenunverträglichkeit*, essentials,
https://doi.org/10.1007/978-3-658-28163-2_6

glutenfrei. Als Gründe für den Konsum glutenfreier Nahrungsmittel gaben von 233 Befragten knapp 52 % an, dass sie das Gefühl haben, dass ihnen Gluten nicht bekommt. 23 % ernährten sich glutenfrei, um abzunehmen, nur knapp 19 % gaben an, dass sie eine ärztlich nachgewiesene Glutenunverträglichkeit haben (Statista 2017). Nach einer deutschlandweiten repräsentativen Umfrage in 2016 (Techniker Krankenkasse) glaubt 1 % der Deutschen, dass sie an einer Glutenunverträglichkeit leidet. Diese Zahl stimmt gut mit der medizinisch belegten Zahl überein, ist aber diskrepant zum Konsumverhalten.

Zusammenfassend lässt sich aus diesen Befragungen ableiten: Es klafft eine Lücke zwischen der Anzahl an Personen, die glutenfreie Nahrungsmittel einkauft und der Anzahl derer, die sich glutenfrei ernährt oder an einer medizinisch nachgewiesenen Glutenunverträglichkeit leidet.

Das Bewusstsein der Bevölkerung hinsichtlich der Ernährung hat sich in den letzten Jahren gewandelt hin zu gesünderem und natürlicherem Essen. Dieses Umdenken ändert das Konsumverhalten und damit die Entwicklung des Marktes. Die Umsatzzahlen an Biolebensmittel und an Frei-von Lebensmitteln (Lactose-frei, Gluten-frei) steigen seit Jahren kontinuierlich an. In 2017 belief sich der Umsatz an glutenfreien Nahrungsmittel in Deutschland auf gut 170 Mio. € (Lebensmittelzeitung 2017). 24 % der Verbraucher, die bereits jetzt überwiegend in Bioläden glutenfreie Produkte einkaufen, finden, dass das Angebot nicht ausreicht (Biopinio 2015). Die Nahrungsmittelindustrie reagiert prompt auf die Wünsche der Konsumenten und hat den Anteil an neu eingeführten, glutenfreien Produkten zwischen 2011 und 2015 von 6 auf 11 % erhöht (Mintel 2016). Dass sich die Investitionen der Nahrungsmittelindustrie lohnen könnten, wird durch die Einschätzung belegt, dass von 1000 Befragten 73 % glauben, dass die glutenfreien Produkte langfristig am Markt bleiben, nur 16 % glauben, dass es sich um einen Modetrend handelt (Bundesministerium für Ernährung und Landwirtschaft 2016).

Fazit – Glutenfrei als Trend

Von den Verbrauchern, die glutenfreie Produkte einkaufen, ernährt sich nur ein kleiner Teil konsequent glutenfrei.

Als Grund für eine glutenfreie Ernährung gibt der größte Teil der Befragten an, dass ihnen Gluten nicht guttut. Weniger als 20 % ernähren sich glutenfrei aufgrund einer medizinischen Diagnose.

Der größte Teil der Verbraucher glaubt, dass glutenfreie Produkte langfristig am Markt bleiben.

Was Sie aus diesem *essential* mitnehmen können

- Gluten ist ein komplexes Gemisch verschiedener Proteine, das in Weizen, Gerste und Roggen vorkommt.
- Brotweizen und Dinkel sind genetisch eng verwandt und entstanden durch die Kombination von 3 Genomen, A, B und D.
- An Weizenunverträglichkeit können außer Gluten auch Amylase-Trypsin-Inhibitoren und fermentierbare Oligo-, Di- und Monosaccharide und Polyole (FODMAP) beteiligt sein.
- Ein unbeschädigtes Darmepithel und eine ausgewogene Mikrobiota sind Voraussetzung für die Verträglichkeit von Weizen und einen funktionalen Stoffwechsel.
- Zöliakie ist eine von Gluten ausgelöste Erkrankung, die nur bei genetisch prädisponierten Individuen auftritt. Sie ist medizinisch eindeutig diagnostizierbar.
- Weizenallergien können durch Gluten oder andere Weizenproteine hervorgerufen werden. Sie können sich als gastrointestinale Erkrankungen, Atemwegs- und Hauterkrankungen äußern.
- Nicht-Zöliakie-Nicht-Weizenallergie-Weizensensitivität stellt ein Krankheitsbild mit unklarer Ursache und verschiedenen intestinalen und extraintestinalen Symptomen dar. Als Auslöser kommt eine Kombination verschiedener Faktoren – Inhaltsstoffe von Weizen, geschädigtes Darmepithel, Genetik und Umwelteinflüsse – in Frage.
- Glutenhaltige Getreide sind ernährungsphysiologisch wertvoll. Eine Ernährung mit glutenhaltigen Vollkornerzeugnissen kann das Risiko an einer Zivilisationskrankheit zu erkranken reduzieren.
- Glutenfrei sollten sich Patienten mit diagnostizierter Zöliakie oder Weizenallergie ernähren.

C. Harter, *Glutenunverträglichkeit*, essentials,
https://doi.org/10.1007/978-3-658-28163-2

- Glutenfreie Ernährung birgt das Risiko einer Mangelernährung, die Defizite an Ballaststoffen und bestimmten Mineralien und Vitaminen aufweist.
- Etwa 5 % der Verbraucher in Deutschland konsumieren glutenfreie Nahrungsmittel, obwohl nur 1 % an einer diagnostizierten Glutenunverträglichkeit leidet.
- Die meisten Verbraucher glauben, dass glutenfreie Nahrungsmittel langfristig am Markt bleiben.

Literatur

Allergen Online. University of Nebraska-Lincoln. http://allergenonline.org. Zugegriffen: 21. Juli 2019.

Altenbach, S. B., Vensel, W. H., & Dupont, F. M. (2011). The spectrum of low molecular weight alpha-amylase/protease inhibitor genes expressed in the US bread wheat cultivar Butte 86. *BMC Research Notes, 4,* 242.

Andersen, G., & Koehler, H., in Zusammenarbeit mit Rubach, M., & Schaecke, W. (2015). *Jahresbericht der deutschen Forschungsanstalt 2014* (S. 136–139). Freising. http://www.kern.bayern.de/mam/cms03/themen/bilder/flyer_gluten.pdf.

Aziz, I., Lewis, N. R., Hadjivassiliou, M., Winfield, S. N., Rugg, N., Kelsall, A., Newrick, L., & Sanders, D. S. (2014). A UK study assessing the population prevalence of self-reported gluten sensitivity and referral characteristics to secondary care. *European Journal of Gastroenterology and Hepatology, 26,* 33–39.

Bach Knudsen, K. E., Norskov, N. P., Bolvig, A. K., Hedemann, M. S., & Laerke, H. N. (2017). Dietary fibers and associated phytochemicals in cereals. *Molecular Nutrition & Food Research, 61,* 7.

Bickel, S. (2015). Unser tägliches Brotgetreide. *Biologie in unserer Zeit, 45,* 168–175.

Biesiekierski, J. R., Rosella, O., Rose, R., Liels, K., Barrett, J. S., Shepherd, S. J., Gibson, P. R., & Muir, J. G. (2011). Quantification of fructans, galacto-oligosacharides and other short-chain carbohydrates in processed grains and cereals. *Journal of Human Nutrition & Dietetics, 24,* 154–176.

Biesiekierski, J. R., Peters, S. L., Newnham, E. D., Rosella, O., Muir, J. G., & Gibson, P. R. (2013). No effects of gluten in patients with self-reported non-celiac gluten sensitivity after dietary reduction of fermentable, poorly absorbed, short-chain carbohydrates. *Gastroenterology, 145,* 320–328.

Biopinio. (2015). Ergebnisse zur Free-From Studie. https://biopinio.de/studie-free-from-2015/. Zugegriffen: 19. Juli 2019.

Bjorck, I., Ostman, E., Kristensen, M., Anson, N. M., Price, R. K., Haenen, G. R. M. M., Havenaar, R., Knudsen, K. E. B., Frid, A., Mykkanen, H., et al. (2012). Cereal grains for nutrition and health benefits: Overview of results from in vitro, animal and human studies in the HEALTHGRAIN project. *Trends in Food Science & Technology, 25,* 87–100.

C. Harter, *Glutenunverträglichkeit,* essentials,
https://doi.org/10.1007/978-3-658-28163-2

Bulka, C. M., Davis, M. A., Karagas, M. R., Ahsan, H., & Argos, M. (2017). The Unintended Consequences of a Gluten-free Diet. *Epidemiology, 28,* E24–E25.

Bundesministerium für Ernährung und Landwirtschaft. (2016). Wie schätzen Sie die folgenden Trend-Lebensmittel ein? Chart. 3. Januar 2017. Statista. https://de.statista.com/statistik/daten/studie/653684/umfrage/entwicklung-von-trend-lebensmittel-in-deutschland/. Zugegriffen: 19. Juli 2019.

Bundesverband deutscher Pflanzenzüchter e. V. https://www.bdp-online.de/de/Pflanzenzuechtung/Kulturarten/Getreide/Weizen. Zugegriffen: 14. Juli 2019.

Caminero, A., McCarville, J. L., Zevallos, V. F., Pigrau, M., Yu, X. B., Jury, J., Galipeau, H. J., Clarizio, A. V., Casqueiro, J., Murray, J. A., et al. (2019). Lactobacilli degrade wheat amylase trypsin inhibitors to reduce intestinal dysfunction induced by immunogenic wheat proteins. *Gastroenterology, 156,* 2266–2280.

Catassi, C., Elli, L., Bonaz, B., Bouma, G., Carroccio, A., Castillejo, G., Cellier, C., Cristofori, F., de Magistris, L., Dolinsek, J., et al. (2015). Diagnosis of Non-Celiac Gluten Sensitivity (NCGS): The Salerno experts' criteria. *Nutrients, 7,* 4966–4977.

Christensen, M. J., Eller, E., & Bindslev-Jensen, C. (2014). Patterns of suspected wheat related allergy: A retrospective single-centre study of 156 patients. *Allergy, 69,* 257–257.

Codex Alimentarius Standard for foods for special dietary use for persons intolerant to gluten. Codex Stan 118-1979 Adopted 1979, Amendment 1983 and 2015, Revision 2008.

Cryan, J. F., & Dinan, T. G. (2012). Mind-altering microorganisms: The impact of the gut microbiota on brain and behaviour. *Nature Reviews Neuroscience, 13,* 701–712.

Dale, H. F., Hatlebakk, J. G., Hovdenak, N., Ystad, S. O., & Lied, G. A. (2018). The effect of a controlled gluten challenge in a group of patients with suspected non-coeliac gluten sensitivity: A randomized, double-blind placebo-controlled challenge. *Neurogastroenterology & Motility, 30,* e13332.

Dale, H. F., Biesiekierski, J. R., & Lied, G. A. (2019). Non-coeliac gluten sensitivity and the spectrum of gluten-related disorders: An updated overview. *Nutrition Research Reviews, 32,* 28–37.

Database of allergen families. www.meduniwien.ac.at/allfam. Zugegriffen: 17. Juli 2019.

De Giorgio, R., Volta, U., & Gibson, P. R. (2016). Sensitivity to wheat, gluten and FODMAPs in IBS: Facts or fiction? *Gut, 65,* 169–178.

Dieterich, W., Schuppan, D., Schink, M., Schwappacher, R., Wirtz, S., Agaimy, A., Neurath, M. F., & Zopf, Y. (2019). Influence of low FODMAP and gluten-free diets on disease activity and intestinal microbiota in patients with non-celiac gluten sensitivity. *Clinical Nutrition, 38,* 697–707.

Dvorak, J., Deal, K. R., Luo, M. C., You, F. M., von Borstel, K., & Dehghani, H. (2012). The origin of spelt and free-threshing hexaploid wheat. *Journal of Heredity, 103,* 426–441.

El Khoury, D., Balfour-Ducharme, S., & Joye, I. J. (2018). A review on the gluten-free diet: Technological and nutritional challenges. *Nutrients, 10,* 1410.

Ellis, A., & Linaker, B. D. (1978). Non-coeliac gluten sensitivity. *Lancet, 1,* 1358–1359.

EU-Verordnung Nr. 1169/2011. Artikel 21, Anhang II.

EU Durchführungsverordnung Nr. 828/2014. Durchführungsverordnung über die Anforderungen an die Bereitstellung von Informationen für Verbraucher über das Nichtvorhandensein oder das reduzierte Vorhandensein von Gluten in Lebensmitteln.

Fasano, A. (2011). Zonulin and its regulation of intestinal barrier function: The biological door to inflammation, autoimmunity, and cancer. *Physiological Reviews, 91,* 151–175.

Felber, J., Aust, D., Baas, S., Bischoff, S., Blaker, H., Daum, S., Keller, R., Koletzko, S., Laass, M., Nothacker, M., et al. (2014). Results of a S2k-Consensus Conference of the German Society of Gastroenterolgy, Digestive- and Metabolic Diseases (DGVS) in conjunction with the German Coeliac Society (DZG) regarding coeliac disease, wheat allergy and wheat sensitivity. *Zeitschrift fur Gastroenterologie, 52,* 711–743.

Ficco, D. B. M., Prandi, B., Amaretti, A., Anfelli, I., Leonardi, A., Raimondi, S., Pecchioni, N., De Vita, P., Faccini, A., Sforza, S., et al. (2019). Comparison of gluten peptides and potential prebiotic carbohydrates in old and modern Triticum turgidum ssp. Genotypes. *Food Research International, 120,* 568–576.

Forum Bio- und Gentechnologie e. V. https://www.transgen.de/datenbank/1995/weizen.html. Zugegriffen: 14. Juli 2019.

Fung, T. C., Olson, C. A., & Hsiao, E. Y. (2017). Interactions between the microbiota, immune and nervous systems in health and disease. *Nature Neuroscience, 20,* 145–155.

Geisslitz, S., Ludwig, C., Scherf, K. A., & Koehler, P. (2018). Targeted LC-MS/MS Reveals Similar Contents of alpha-Amylase/Trypsin-Inhibitors as Putative Triggers of Nonceliac Gluten Sensitivity in All Wheat Species except Einkorn. *Journal of Agriculture and Food Chemistry, 66,* 12395–12403.

Harmsen, J. M., & de Goffau, M. C. (2016). The human gut microbiota. In A. Schwiertz (Hrsg.), *Microbiota of the human body* (S. 95–108). Cham: Springer.

Hartmann, G., Koehler, P., & Wieser, H. (2006). Rapid degradation of gliadin peptides toxic for coeliac disease patients by proteases from germinating cereals. *Journal of Cereal Science, 44,* 368–371.

Hauner, H., Bechthold, A., Boeing, H., Bronstrup, A., Buyken, A., Leschik-Bonnet, E., Linseisen, J., Schulze, M., Strohm, D., & Wolfram, G. (2012). Carbohydrate intake and prevention of nutrition-related diseases: Evidence-based guideline of the German Nutrition Society. *Deutsche Medizinische Wochenschrift, 137,* 389–393.

Healthgrain Forum. https://healthgrain.org/wp-content/uploads/2019/01/HGF_SS_Benefits-of-WG_2012-11-21.pdf. Zugegriffen: 19. Juli 2019.

Helander, H. F., & Fandriks, L. (2014). Surface area of the digestive tract – Revisited. *Scandinavian Journal of Gastroenterology, 49,* 681–689.

Hemery, Y., Rouau, X., Lullien-Pellerin, V., Barron, C., & Abecassis, J. (2007). Dry processes to develop wheat fractions and products with enhanced nutritional quality. *Journal of Cereal Science, 46,* 327–347.

Herran, A. R., Perez-Andres, J., Caminero, A., Nistal, E., Vivas, S., Ruiz de Morales, J. M., & Casqueiro, J. (2017). Gluten-degrading bacteria are present in the human small intestine of healthy volunteers and celiac patients. *Research in Microbiology, 168,* 673–684.

International Wheat Genome Sequencing Consortium. (2018). Shifting the limits in wheat research and breeding using a fully annotated reference genome. *Science, 361,* eaar7191.

Juhasz, A., Belova, T., Florides, C. G., Maulis, C., Fischer, I., Gell, G., Birinyi, Z., Ong, J., Keeble-Gagnere, G., Maharajan, A., et al. (2018). Genome mapping of seed-borne allergens and immunoresponsive proteins in wheat. *Science Advances, 4,* eaar8602.

Koletzko, S. (2013). Diagnosis and treatment of celiac disease in children. *Monatsschrift Kinderheilkunde, 161,* 63–75.

Kucek, L. K., Veenstra, L. D., Amnuaycheewa, P., & Sorrells, M. E. (2015). A grounded guide to gluten: How modern genotypes and processing impact wheat sensitivity. *Comprehensive Reviews in Food Science and Food Safety, 14,* 285–302.

Kump, P., & Högenauer, C. (2016). Fäkale Mikrobiota-Transplantation. In A. Stallmach & M. J. G. T. Vehreschild (Hrsg.), *Mikrobiom* (S. 299–319). Berlin: De Gruyter.

Lebensmittelzeitung. (2017). Umsatz mit glutenfreien Produkten im Lebensmittelhandel in Deutschland in den Jahren 2016 und 2017 (jeweils MAT* bis KW 12; in Millionen Euro). Chart. 16. Juni 2017. Statista. https://de.statista.com/statistik/daten/studie/257797/umfrage/umsatzwicklung-bei-glutenfreien-produkten-in-deutschland/. Zugegriffen: 19. Juli 2019.

Lebwohl, B., Cao, Y., Zong, G., Hu, F. B., Green, P. H. R., Neugut, A. I., Rimm, E. B., Sampson, L., Dougherty, L. W., Giovannucci, E., et al. (2017). Long term gluten consumption in adults without celiac disease and risk of coronary heart disease: Prospective cohort study. *British Medical Journal, 357,* j1892.

Lebwohl, B., Sanders, D. S., & Green, P. H. R. (2018). Coeliac disease. *Lancet, 391,* 70–81.

Lis, D. M., Fell, J. W., Ahuja, K. D. K., Kitic, C. M., & Stellingwerff, T. (2016). Commercial hype versus reality: our current scientific understanding of gluten and athletic performance. *Current Sports Medicine Reports, 15,* 262–268.

Lobitz, R. (2018). Urgetreide – Mehr Schein als Sein? *Ernährung im Fokus, 3–4,* 114–119.

Loponen, J., Sontag-Strohm, T., Venalainen, J., & Salovaara, H. (2007). Prolamin hydrolysis in wheat sourdoughs with differing proteolytic activities. *Journal of Agriculture and Food Chemistry, 55,* 978–984.

Losowsky, M. S. (2008). A history of coeliac disease. *Digestive Diseases, 26,* 112–120.

Louis, P., Flint, H. J., & Michel, C. (2016). How to manipulate the microbiota: Prebiotics. In A. Schwiertz (Hrsg.), *Microbiota of the Human Body* (S. 119–142). Cham: Springer.

Marcussen, T., Sandve, S. R., Heier, L., Spannagl, M., Pfeifer, M., International Wheat Genome Sequencing Consortium, Jakobsen, K. S., Wulff, B. B., Steuernagel, B., Mayer, K. F., et al. (2014). Ancient hybridizations among the ancestral genomes of bread wheat. *Science, 345,* 1250092.

Matthes, H. (2016). Prä- und Probiotika. In A. Stallmach & M. J. G. T. Stallmach (Hrsg.), *Mikrobiom* (S. 269–298). Berlin: De Gruyter.

Melini, V., & Melini, F. (2019). Gluten-free diet: Gaps and needs for a healthier diet. *Nutrients, 11,* 170.

Mintel. (2016). Anteil der glutenfreien und laktosefreien Lebensmittel an den gesamten Produktneueinführungen in Deutschland im Vergleich der Jahre 2011 und 2015. Chart. 5. August 2016. Statista. https://de.statista.com/statistik/daten/studie/587949/umfrage/anteil-glutenfreier-und-laktosefreier-lebensmittel-bei-produktneueinfuehrungen/. Zugegriffen: 19. Juli 2019.

Molina-Infante, J., & Carroccio, A. (2017). Suspected nonceliac gluten sensitivity confirmed in few patients after gluten challenge in double-blind, placebo-controlled trials. *Clinical Gastroenterology and Hepatology, 15,* 339–348.

O'Connor, E. M. (2013). The role of gut microbiota in nutritional status. *Current Opinion in Clinical Nutrition and Metabolic Care, 16,* 509–516.

Ozuna, C. V., Iehisa, J. C., Gimenez, M. J., Alvarez, J. B., Sousa, C., & Barro, F. (2015). Diversification of the celiac disease alpha-gliadin complex in wheat: A 33-mer peptide

with six overlapping epitopes, evolved following polyploidization. *Plant Journal, 82,* 794–805.

Plaum, P. (2019). *Chronische Obstipation als Symptom der Glutensensitivität und Zöliakie: Wie es dazu kommt, und was Patienten hilft.* Medscape Deutschland vom 12. Juni 2019. https://deutsch.medscape.com/.

Potter, M. D. E., Walker, M. M., Keely, S., & Talley, N. J. (2018). What's in a name? ‚Non-coeliac gluten or wheat sensitivity': Controversies and mechanisms related to wheat and gluten causing gastrointestinal symptoms or disease. *Gut, 67,* 2073–2077.

Priyanka, P., Gayam, S., & Kupec, J. T. (2018). The Role of a Low Fermentable Oligosaccharides, Disaccharides, Monosaccharides, and Polyol Diet in Nonceliac Gluten Sensitivity. *Gastroenterology research and practice, 2018,* 1561476.

Qin, J., Li, R., Raes, J., Arumugam, M., Burgdorf, K. S., Manichanh, C., Nielsen, T., Pons, N., Levenez, F., Yamada, T., et al. (2010). A human gut microbial gene catalogue established by metagenomic sequencing. *Nature, 464,* 59–65.

Reese, I., Schäfer, C., Kleine-Tebbe, J., Ahrens, B., Bachmann, O., Ballmer-Weber, B., Beyer, K., Bischoff, S. C., Blümchen, K., Dölle, S., et al. (2018). Non-Celiac Gluten-/Wheat Sensitivity (NCGS) – A currently undefined disorder without validated diagnostic criteria and of unknown prevalence. Position statement of the task force on food allergy of the German Society of Allergology and clinical Immunology (DGAKI). *Allergo Journal International, 27,* 145–151.

Ribeiro, M., & Nunes, F. M. (2019). We might have got it wrong: Modern wheat is not more toxic for celiac patients. *Food Chemistry, 278,* 820–822.

Sapone, A., Bai, J. C., Ciacci, C., Dolinsek, J., Green, P. H. R., Hadjivassiliou, M., Kaukinen, K., Rostami, K., Sanders, D. S., Schumann, M., et al. (2012). Spectrum of gluten-related disorders: Consensus on new nomenclature and classification. *BMC Medicine, 10,* 13.

Schalk, K., Lang, C., Wieser, H., Koehler, P., & Scherf, K. A. (2017). Quantitation of the immunodominant 33-mer peptide from alpha-gliadin in wheat flours by liquid chromatography tandem mass spectrometry. *Scientific Reports, 7,* 45092.

Schalk, K., Lexhaller, B., Koehler, P., & Scherf, K. A. (2017). Isolation and characterization of gluten protein types from wheat, rye, barley and oats for use as reference materials. *PLoS ONE, 12,* e0172819.

Scherf, K. A., & Koehler, H. (2016). Wheat and gluten: technological and health aspects. *Ernährungsumschau, 63,* 166–175.

Schuppan, D., & Zevallos, V. (2015). Wheat amylase trypsin inhibitors as nutritional activators of innate immunity. *Digestive Diseases, 33,* 260–263.

Schuppan, D., Pickert, G., Ashfaq-Khan, M., & Zevallos, V. (2015). Non-celiac wheat sensitivity: Differential diagnosis, triggers and implications. *Best Practice & Research Clinical Gastroenterology, 29,* 469–476.

Schwalb, T., Wieser, H., & Koehler, P. (2012). Studies on the gluten-specific peptidase activity of germinated grains from different cereal species and cultivars. *European Food Research and Technology, 235,* 1161–1170.

Shashikanth, N., Yeruva, S., Ong, M. L. D. M., Odenwald, M. A., Pavlyuk, R., & Turner, J. R. (2017). Epithelial organization: The gut and beyond. *Comprehensive Physiology, 7,* 1497–1518.

Shewry, P. R., Hawkesford, M. J., Piironen, V., Lampi, A. M., Gebruers, K., Boros, D., Andersson, A. A., Aman, P., Rakszegi, M., Bedo, Z., et al. (2013). Natural variation in grain composition of wheat and related cereals. *Journal of Agriculture and Food Chemistry, 61,* 8295–8303.

Sollid, L. M., Iversen, R., Steinsbo, O., Qiao, S. W., Bergseng, E., Dorum, S., du Pre, M. F., Stamnaes, J., Christophersen, A., Cardoso, I., et al. (2015). Small bowel, celiac disease and adaptive immunity. *Digestive Diseases, 33,* 115–121.

Statista. (2017). Warum vermeiden Sie Gluten? Chart. 30. Juni 2017. Statista. https://destatistacom/statistik/daten/studie/721875/umfrage/gruende-fuer-den-konsum-glutenfreier-nahrungsmittel-in-deutschland. Zugegriffen: 19. Juli 2019.

Statista. (2019). Halten Sie sich an eine oder mehrere der folgenden Ernährungsweisen? Chart. 23. April 2019. Statista. https://destatistacom/prognosen/999784/umfrage-in-deutschland-zu-ernaehrungsweisen. Zugegriffen: 19. Juli 2019.

Tanpowpong, P., Broder-Fingert, S., Katz, A. J., & Camargo, C. A. (2012). Predictors of gluten avoidance and implementation of a gluten-free diet in children and adolescents without confirmed celiac disease. *The Journal of Pediatrics, 161,* 471–475.

Techniker Krankenkasse. (2016). Verbreitung von Nahrungsmittelunverträglichkeiten in Deutschland nach Art der Unverträglichkeit im Jahr 2016. Chart. 11. Januar 2017. Statista. https://de.statista.com/statistik/daten/studie/466795/umfrage/nahrungsmittelunvertraeglichkeiten-nach-art-der-unvertraeglichkeit/. Zugegriffen: 19. Juli 2019.

Varney, J., Barrett, J., Scarlata, K., Catsos, P., Gibson, P. R., & Muir, J. G. (2017). FODMAPs: Food composition, defining cutoff values and international application. *Journal of Gastroenterology and Hepatology, 32,* 53–61.

Verdu, E. F., Galipeau, H. J., & Jabri, B. (2015). Novel players in coeliac disease pathogenesis: Role of the gut microbiota. *Nature Reviews Gastroenterology & Hepatology, 12,* 497–506.

Wieser, H. *Vergleich von reinen Dinkeln und Dinkel/Weizen-Kreuzungen.* Arbeitsgemeinschaft Getreideforschung e. V. www.agfdt.de/loads/gc06/wieser.pdf. Zugegriffen: 14. Juli 2019.

Wieser, H. (2007). Chemistry of gluten proteins. *Food Microbiology, 24,* 115–119.

Zeißig, S. (2016). Die physiologische Standortflora. In A. Stallmach & M. J. G. T. Vehreschild (Hrsg.), *Mikrobiom* (S. 61–82). Berlin: De Gruyter.

Zevallos, V. F., Raker, V., Tenzer, S., Jimenez-Calvente, C., Ashfaq-Khan, M., Russel, N., Pickert, G., Schild, H., Steinbrink, K., & Schuppan, D. (2017). Nutritional wheat amylase-trypsin inhibitors promote intestinal inflammation via activation of myeloid cells. *Gastroenterology, 152,* 1100–1113, e1112.

Ziegler, J. U., Steiner, D., Longin, C. F. H., Wuerschum, T., Schweiggert, R. M., & Carle, R. (2016). Wheat and the irritable bowel syndrome – FODMAP levels of modern and ancient species and their retention during bread making. *Journal of Functional Foods, 25,* 257–266.

Zuidmeer, L., Goldhahn, K., Rona, R. J., Gislason, D., Madsen, C., Summers, C., Sodergren, E., Dahlstrom, J., Lindner, T., Sigurdardottir, S. T., et al. (2008). The prevalence of plant food allergies: A systematic review. *Journal of Allergy and Clinical Immunology, 121,* 1210–1218.

Printed in the United States
By Bookmasters